交直流调速系统与应用

主　编　陈怀忠
副主编　姜　磊

U0277094

ZHEJIANG UNIVERSITY PRESS
浙江大学出版社
·杭州·

内容提要

书中所涉及的知识点包括单环及多环直流调速、可逆直流调速、全数字直流调速、交流串级调速的原理与调试,交流变频调速的原理、功能、参数设定及应用,步进、伺服电机调速设计应用等。本教材由十四个任务单元构成,每个任务均提出任务目标、任务描述、任务实施、任务评价、知识链接、思考与练习等教学情境。

本教材根据当前交直流调速技术的发展趋势,注重反映工业中新的调速技术应用。教材内容面向工程实际,力求具有实用性、先进性和系统性。通过本书完整、系统的"教、学、做"一体化训练后,学生的技能操作水平与应用能力将得到提高,体现了高职教育特色。

本书可作为高职高专院校电气自动化、工业自动化、电子信息技术等电类专业的教材,也可供有关工程师和技术员参考。

图书在版编目(CIP)数据

交直流调速系统与应用 / 陈怀忠主编. —杭州:
浙江大学出版社,2012.6(2022.7 重印)
ISBN 978-7-308-10121-9

Ⅰ.①交… Ⅱ.①陈… Ⅲ.①直流电机-调速-高等
职业教育-教材 ②交流电机-调速-高等职业教育-教材
Ⅳ.①TM330.12 ②TM340.12

中国版本图书馆 CIP 数据核字(2012)第 130440 号

交直流调速系统与应用

陈怀忠 主编

责任编辑	王 波	
封面设计	俞亚彤	
出版发行	浙江大学出版社	
	(杭州市天目山路 148 号 邮政编码 310007)	
	(网址:http://www.zjupress.com)	
排 版	杭州青翎图文设计有限公司	
印 刷	广东虎彩云印刷有限公司绍兴分公司	
开 本	787mm×1092mm 1/16	
印 张	14	
字 数	341 千	
版 印 次	2012 年 6 月第 1 版 2022 年 7 月第 5 次印刷	
书 号	ISBN 978-7-308-10121-9	
定 价	29.00 元	

前　　言

目前,我国工业用电的80%以上电能都消耗在交直流电动机上,因此,在高职高专院校开设以交直流调速技术原理与应用为主的"交直流调速系统应用"课程非常有必要。本书以高职教育理念为指导,注重学生关键能力的培养,以培养学生电气控制技术的职业能力为主线,以提高学生技能应用能力为主体,以此来设计组织编写《交直流调速系统与应用》的教材内容。

本教材于2012年出版以来,为推动电气自动化等相关专业学生交直流调速技术能力培养起到了重要作用。随着"互联网＋"网络信息化技术的发展,需要融入新的知识传播和学习方式。本次修订在原教材特色的基础上,结合当前"互联网＋"教材信息化改革需求,配备了配套的新形态视频资源。本教材具有以下特色:

1. 以岗位职业能力要求为内容选取依据

根据专业培养目标、交直流设备生产企业及相关的职业岗位实际工作任务所需的知识、能力、根据岗位职业发展及个人发展需求,选取最新的交直流调速设备及其相关新技术作为课程教学内容,为学生的职业生涯发展打下好的基础。课程内容以"项目任务案例"的形式安排,将自动化"新设备、新知识、新工艺、新技术"四新技术知识融入其中。

2. 突显项目教学、任务驱动

采取"工学结合、任务驱动"的组织课程内容。加强学生工程设计能力的培养和训练。根据企业电气工程技术人员应具备一定的工程设计能力的要求,以企业典型电机调速控制系统案例为设计对象,完成典型任务的设计、调试安装等任务,培养学生的工程设计能力。

3. 坚持"理实一体化"的编写原则

将交直流调速应用技术的核心知识点有机融入14个典型的工作任务中,在完成任务的过程中达成核心知识点的独立学习,实现理论与实践的统一,目标与能力的统一。

4. 突出教学评价体系的构建

将专业能力有重点地进行训练与检测,突出构建职业能力培养及职业素养的培养的评价标准,有机融入人力资源和社会保障部职业技能鉴定中心的职业核心能力评价体系,坚持"以生为本",关注学生的可持续发展。

5.适应"互联网+"课程改革需求

本书配备了新形态"互联网+"视频教程,通过扫描二维码学习相关知识。让枯燥的学习变得生动、有趣。提高学生学习积极性和学习效率,充分体现新形态教材的优势。

本书由陈怀忠主编,姜磊老师担任副主编,郑红峰负责审稿,金浙良参与了编写工作,全书由陈怀忠负责统稿和组织编写工作。

本书在编写过程中参考了许多相关图书和论文资料,本书编者向这些文献资料的作者致以真挚的谢意!

由于编者水平有限,书中难免存在错误和不当之处,敬请读者批评指正。

编　者

2022 年 6 月

目　　录

任务一　单闭环直流调速系统原理及调试

任务目标

1. 熟悉直流调速系统各主要单元部件的工作原理。
2. 掌握直流调速系统各主要单元部件的调试步骤和方法。
3. 掌握电压单闭环直流调速系统的原理、组成及各主要单元部件的功能。
4. 掌握晶闸管直流调速系统的一般调试过程、调试步骤、方法及参数的整定。

任务描述

在电压单闭环中,将反映电压变化的电压隔离器输出电压信号作为反馈信号加到"电压调节器"(用调节器Ⅱ作为电压调节器)的输入端,与"给定"的电压相比较,经放大后,得到移相控制电压 U_{ct},控制整流桥的"触发电路",改变"三相全控整流"的电压输出,从而构成了电压负反馈闭环系统,如图 1-1 所示。电机的最高转速也由电压调节器的输出限幅所决定。调节器若采用 P(比例)调节,对阶跃输入有稳态误差,要消除该误差将调节器换成 PI(比例积分)调节。当"给定"恒定时,闭环系统对电枢电压变化起到了抑制作用。当电机负载或电源电压波动时,电机的电枢电压能稳定在一定的范围内变化。在本实训项目中,PMT-04 电机调速控制电路上的"调节器Ⅱ"作为"电压调节器"使用。

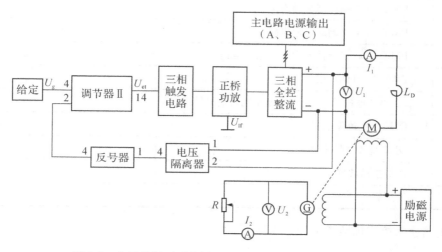

图 1-1　电压单闭环系统原理图($L_d = 200\text{mH}$,$R = 2250\Omega$)

1. 按上述原理图把相应模块连接好后,完成下列系统各基本单元的调试:

(1)调节器Ⅰ的调试;

(2)调节器Ⅱ的调试;

(3)反号器的调试;

(4)零电平检测的调试;

(5)转矩极性鉴别的调试;

(6)逻辑控制的调试。

2.完成上述各单元调试后,按如下任务要求对电压单闭环直流调速系统进行性能测定:

(1)U_{ct}不变时直流电动机开环特性的测定;

(2)U_d不变时直流电动机开环特性的测定;

(3)电压单闭环直流调速系统的机械特性。

任务实施

一、预习内容

熟悉本任务中所用到的实训器材,仔细阅读知识链接有关单闭环直流调速系统工作原理。

二、训练器材

本任务实训使用设备材料见表 1-1。

表 1-1　设备材料表

序号	型　号	数量
1	PMT01 电源控制屏	1
2	PMT-02 晶闸管主电路	1
3	PMT-03 三相晶闸管触发电路	1
4	PMT-04 电机调速控制电路	1
5	PMT-05 转矩极性鉴别及零电平电路	1
6	PWD-17 可调电阻器	1
7	DD03-3 电机导轨、光码测速系统及数显转速表	1
8	DJ13-1 直流发电机	1
9	DJ15 直流并励电动机	1
10	慢扫描示波器	1
11	万用表	1

直流调速系统实训装置如图 1-2 所示。

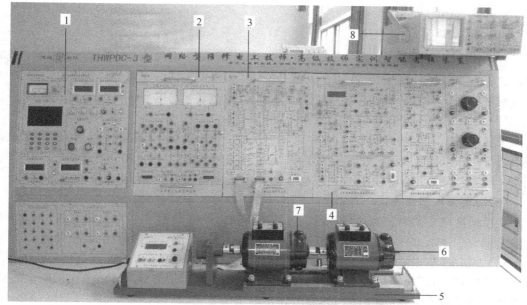

1—电源控制屏；2—晶闸管主电路；3—三相晶闸管触发电路；4—电机调速控制电路；5—电机导轨、光码测速系统；6—直流发电机；7—直流并励电动机；8—慢扫描示波器

图 1-2　直流调速实训装置

三、实施步骤

(一)基本单元的调试技能训练

单闭环直流调速

1."调节器 I"的调试

(1)调零

将 PMT-04 中"调节器 I"所有输入端接地,再将比例增益调节电位器 RP1 顺时针旋到底,用导线将"5"、"6"两端短接,使"调节器 I"成为 P(比例)调节器。调节面板上的调零电位器 RP2,用万用表的毫伏档测量调节器 I "7"端的输出,使调节器的输出电压尽可能接近于零。

(2)调整输出正、负限幅值

把"5"、"6"两端短接线去掉,此时调节器 I 成为 PI(比例积分)调节器,然后将给定输出端接到调节器 I 的"3"端,当加一定的正给定时,调整负限幅电位器 RP4,观察输出负电压的变化。当调节器输入端加负给定时,调整正限幅电位器 RP3,观察调节器输出正电压的变化。

(3)测定输入输出特性

将反馈网络中的电容短接(将"5"、"6"端短接),使调节器 I 为 P(比例)调节器,在调节器的输入端分别逐渐加入正、负电压,测出相应的输出电压,直至输出限幅,并画出曲线。

(4)观察 PI 特性

拆除"5"、"6"两端短接线,突加给定电压,用慢扫描示波器观察输出电压的变化规律。改变调节器的放大倍数(调节 RP1),观察输出电压的变化。

2. "调节器Ⅱ"的调试

(1) 调零

将 PMT-04 中"调节器Ⅱ"所有输入端接地,再将 RP1 电位器顺时针旋到底,用导线将"11"、"12"两端短接,使"调节器Ⅱ"成为 P(比例)调节器。调节面板上的调零电位器 RP2,用万用表的毫伏档测量调节器Ⅱ"14"端的输出,使调节器输出电压尽可能接近于零。

(2) 调整输出正、负限幅值

把"11"、"12"两端短接线去掉,此时调节器Ⅱ成为 PI(比例积分)调节器,然后将给定输出端接到调节器Ⅱ的"4"端,当加一定的正给定时,调整负限幅电位器 RP4,观察输出负电压的变化,当调节器输入端加负给定时,调整正限幅电位器 RP3,观察调节器输出正电压的变化。

(3) 测定输入输出特性

将反馈网络中的电容短接(将"11"、"12"端短接),使调节器Ⅱ成为 P 调节器,在调节器的输入端分别逐渐加入正负电压,测出相应的输出电压,直至输出限幅,并画出曲线。

(4) 观察 PI 特性

拆除"11"、"12"两端短接线,突加给定电压,用慢扫描示波器观察输出电压的变化规律。改变调节器的放大倍数(调节 RP1),观察输出电压的变化。

3. "(AR)反号器"的调试

测定输入输出比例,输入端加入 +5V 电压,调节 RP1,使输出端为 -5V。

4. "转矩极性鉴别"的调试

PMT-05 转矩极性鉴别及零电平电路如图 1-3 所示。可调电阻器模块如图 1-4 所示。

转矩极性鉴别的输出有下列要求:电机正转,输出 U_M 为"1"态;电机反转,输出 U_M 为"0"态。

将给定输出端接至"转矩极性鉴别"的输入端,同时在输入端接上万用表以监视输入电压的大小,示波器探头接至"转矩极性鉴别"的输出端,观察其输出高、低电平的变化。"转矩极性鉴别"的输入输出特性应满足图 1-5(a)所示要求,其中 $U_{sr1}=-0.25$V,$U_{sr2}=+0.25$V。

5. "零电平检测"的调试

"零电平检测"输出应有下列要求:当主回路电流接近零时,输出 U_I 为"1"态;当主回路有电流时,输出 U_I 为"0"态。

其调整方法与"转矩极性鉴别"的调整方法相同,输入输出特性应满足图 1-5(b)所示要求,其中 $U_{sr1}=0.2$V,$U_{sr2}=0.6$V。

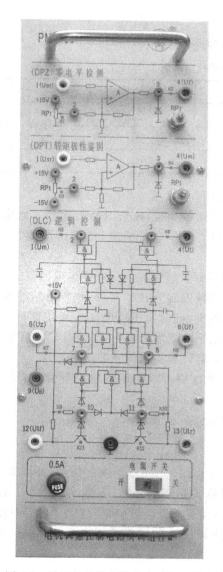

图 1-3 转矩极性鉴别及零电平调试模块

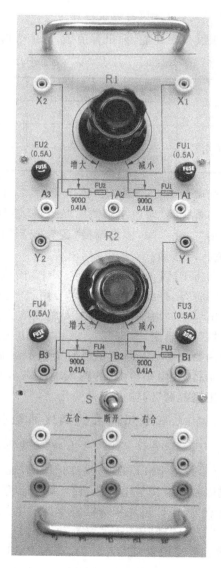

图 1-4 可调电阻器模块

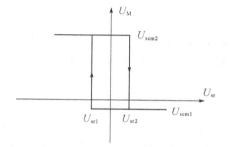

(a) 转矩极性鉴别

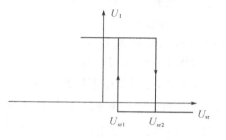

(b) 零电平检测

图 1-5 转矩极性鉴别及零电平检测输入输出特性

6．"逻辑控制"的调试

测试逻辑功能，列出真值表，真值表应符合表1-2。

表1-2　逻辑控制真值表

输入	U_M	1	1	0	0	0	1
	U_I	1	0	0	1	0	0
输出	$U_Z(U_{lf})$	0	0	0	1	1	1
	$U_F(U_{lr})$	1	1	1	0	0	0

调试方法：

①首先将"零电平检测"、"转矩极性鉴别"调节到位，符合其特性曲线。给定接"转矩极性鉴别"的输入端，输出端接"逻辑控制"的 U_M。"零电平检测"的输出端接"逻辑控制"的 U_I，输入端接地。

②将 PMT-04 给定的 RP1、RP2 电位器顺时针转到底，将 S_2 打到运行侧。

③将 S_1 打到正给定侧，用万用表测量"逻辑控制"的"5"、"12"和"6"、"13"端，"5"、"12"端输出应为高电平，"6"、"13"端输出应为低电平，此时将 PMT-04 中给定部分 S_1 开关从正给定打到负给定侧，则"5"、"12"端输出从高电平跳变为低电平，"6"、"13"端输出也从低电平跳变为高电平。在跳变的过程中用示波器观测"9"端输出的脉冲信号。

④将"零电平检测"的输入端接高电平，此时将 PMT-04 中给定部分的 S_1 开关来回扳动，"逻辑控制"的输出应无变化。

（二）电压单闭环直流调速系统性能测定训练

1．PMT-02 和 PMT-03 上的"触发电路"

（1）按下 PMT-01 的"启动"按钮，观察 a、b、c 三相同步正弦波信号，并调节三相同步正弦波信号幅值调节电位器，使三相同步信号幅值尽可能一致；观察 A、B、C 三相的锯齿波，并调节 A、B、C 三相锯齿波斜率调节电位器，使三相锯齿波斜率、高度尽可能一致。

（2）将 PMT-04 上的"给定"输出 U_g 与 PMT-03 的移相控制电压 U_{ct} 相接，将给定开关 S_2 拨到停止位置（即 $U_{ct}=0$），调节 PMT-03 上的偏移电压电位器，用双踪示波器观察 A 相同步电压信号和"双脉冲观察孔"VT1 的输出波形，使 $\alpha=180°$。

（3）将 S_1 拨到正给定，S_2 拨到运行，适当增加给定 U_g 的正电压输出，观测 PMT-03 上"VT1～VT6"的波形。

（4）将 PMT-03 面板上的 U_{lf} 端接地，用 20 芯的扁平电缆将 PMT-03 的"正桥触发脉冲输出"端和 PMT-02 "触发脉冲输入"端相连，观察 VT1～VT6 晶闸管门极和阴极之间的触发脉冲是否正常，此步骤结束后按下 MEC01 的"停止"按钮。

2．U_{ct} 不变时的直流电机开环外特性的测定

（1）按图 1-1 接线（电压调节器先不接，U_g 直接接 U_{ct}），PMT-03 上的移相控制电压 U_{ct} 由 PMT-04 上的"给定"输出 U_g 直接接入，直流发电机接负载电阻 R，PWD-17 可调电阻器模块如图 1-4 所示。将正给定的输出调到零。

（2）先闭合励磁电源开关，按下 PMT-01 上的启动按钮，使主电路输出三相交流电源

（线电压为220V），然后从零开始逐渐增加"给定"电压 U_g，使电动机慢慢启动，并使转速 n 达到 1200r/min。

（3）改变负载电阻 R 的阻值，使电动机的电枢电流从空载直至额定电流 I_{ed}，即可测出在 U_{ct} 不变时的直流电动机开环外特性 $n=f(I_d)$，测量并记录数据于表 1-3，U_{ct} 不变时直流电机开环外特性绘入图 1-6 中。

表 1-3 U_{ct} 不变时的直流电机开环外特性

n(r/min)					
I_d(A)					

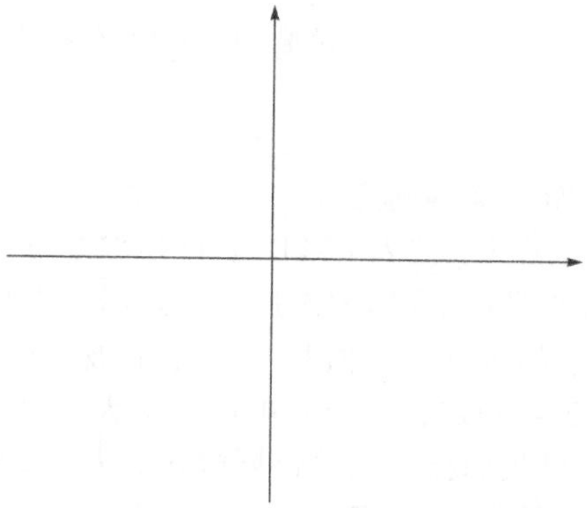

图 1-6 U_{ct} 不变时直流电机开环外特性

3. U_d 不变时直流电机开环外特性的测定

（1）控制电压 U_{ct} 由 PMT-04 的"给定" U_g 直接接入，直流发电机接负载电阻 R，将正给定的输出调到零。

（2）按下 PMT-01 控制屏启动按钮，然后从零开始逐渐增加给定电压 U_g，使电动机启动并达到 1200r/min。

（3）改变负载电阻 R，使电动机的电枢电流从空载直至 I_{ed}。用电压表监视三相全控整流输出的直流电压 U_d，在实验中始终保持 U_d 不变（通过不断调节 PMT-04 上的"给定"电压 U_g 来实现），测出在 U_d 不变时直流电动机的开环外特性 $n=f(I_d)$，并记录于表 1-4 中，U_d 不变时直流电机开环外特性绘入图 1-7。

表 1-4 U_d 不变时直流电机开环外特性的测定

n(r/min)					
I_d(A)					

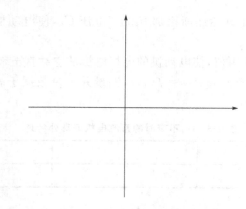

图 1-7　U_d 不变时直流电机开环外特性

4. 基本单元部件调试

（1）移相控制电压 U_{ct} 调节范围的确定

直接将 PMT-04"给定"电压 U_g 接入 PMT-03 移相控制电压 U_{ct} 的输入端，"三相全控整流"输出接电阻负载 R，用示波器观察 U_d 的波形。当正给定电压 U_g 由零调大时，U_d 将随给定电压的增大而增大。当 U_g 超过某一数值 U_g' 时，U_d 的波形会出现缺相的现象，这时 U_d 反而随 U_g 的增大而减小。一般可确定移相控制电压的最大允许值 $U_{ctmax} = 0.9U_g'$，即 U_g 的允许调节范围为 $0 \sim U_{ctmax}$。如果我们把给定输出限幅定为 U_{ctmax} 的话，则"三相全控整流"输出范围就被限定，不会工作到极限值状态，保证六个晶闸管可靠工作。将 U_g' 的测试数据记录于表 1-5 中。

表 1-5　移相控制电压 U_{ct} 调节范围

U_g'(V)	
$U_{ctmax} = 0.9U_g'$(V)	

将给定退到零，再按"停止"按钮切断电源。

（2）调节器的调零

将 PMT-04 中"调节器 Ⅱ"所有输入端接地，再将 RP1 电位器顺时针旋到底，用导线将"11"和"12"短接，使"调节器 Ⅱ"成为 P（比例）调节器。调节面板上的调零电位器 RP2，用万用表的毫伏档测量"调节器 Ⅱ"的"14"端，使调节器的输出电压尽可能接近于零。

（3）调节器正、负限幅值的调整

把"调节器 Ⅱ"的"11"和"12"端短接线去掉，此时调节器 Ⅱ 成为 PI（比例积分）调节器，然后将 PMT-04 挂件上的给定输出端接到调节器 Ⅱ 的"4"端。当加一定的正给定时，调整负限幅电位器 RP4，使"调节器 Ⅱ"的输出电压为最小值。当调节器输入端加负给定时，调整正限幅电位器 RP3，使之输出正限幅值为 U_{ctmax}。

（4）电压反馈系数的整定

直接将控制屏上的励磁电压接到电压隔离器的"1"和"2"端，用直流电压表测量励磁电压，并调节电位器 RP1，当输入电压为 220V 时，电压隔离器输出 +6V，这时的电压反馈系数 $\gamma = \dfrac{U_{fn}}{U_d} = 0.027$。

(5)"(AR)反号器"的整定

测定输入输出比例,输入端加入+5V电压,调节RP1,使输出端为-5V。

5. 电压单闭环直流调速系统

(1)按图4-2接线,在本实验中,PMT-04上的"给定"电压U_g为负给定,电压反馈为正电压,将"调节器Ⅱ"接成P(比例)调节器或PI(比例积分)调节器。直流发电机接负载电阻R,给定输出调到零。

(2)直流发电机先轻载,从零开始逐渐增大"给定"电压U_g,使电动机转速接近$n=1200$ r/min。

(3)由小到大调节直流发电机负载R,测定相应的I_d和n,直至电动机$I_d=I_{ed}$,即可测出系统静态特性曲线$n=f(I_d)$。将测试数据记录于表1-6中,系统静态特性曲线绘入图1-8中。

表 1-6　系统静态特性曲线 $n=f(I_d)$

n(r/min)						
I_d(A)						

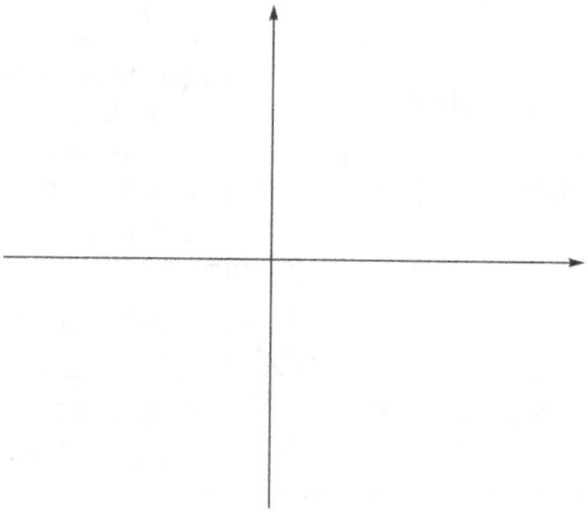

图 1-8　系统静态特性曲线

(三)注意事项

(1)在记录动态波形时,可先用双踪慢扫描示波器观察波形,以便找出系统动态特性较为理想的调节器参数,再用数字存储示波器或记忆示波器记录动态波形。

(2)电机启动前,应先加上电动机的励磁,才能使电机启动。在启动前必须将移相控制电压调到零,使整流输出电压为零,这时才可以逐渐加大给定电压。不能在开环或速度闭环时突然加大给定电压,否则会引起过大的启动电流,使过流保护动作,告警,跳闸。

(3)通电实验时,可先用电阻作为整流桥的负载,待确定电路能正常工作后,再换成电动机作为负载。

(4)在连接反馈信号时,给定信号的极性必须与反馈信号的极性相反,确保为负反馈,否则会造成失控。

(5)直流电动机的电枢电流不要超过额定值使用,转速也不要超过1.2倍的额定值,以免影响电机的使用寿命,或发生意外。

(6)PMT-03与PMT-04不共地,所以实验时须短接PMT-03与PMT-04的地。

任务评价

课题设计与模拟调试能力评价标准见表1-7。

表 1-7　个人技能评分标准

项目	技能要求	配分	评分标准	扣分	得分
接线	1. 接线正确。	20	每遗漏或接错一根线,扣5分。		
	2. 通电一次成功。		通电不成功扣10分,最多通电两次。		
通电调试与绘制曲线	1. 通电调试。	50	通电调试不正确扣,15分。		
	2. 绘制调节特性曲线。		绘制调节曲线不正确,扣1~15分。		
	3. 绘制静态特性曲线。		绘制静态曲线不正确,扣1~20分。		
运行调试	1. 画出单闭环调速系统框图。	30	绘制单闭环调速系统框图不正确,扣1~15分。		
	2. 简述单闭环调速系统起动过程。		单闭环调速系统工作过程叙述不正确,扣1~15分。		
安全操作	1. 工具、元件完好。	从总分中扣5~10分	有损坏,扣5~10分。		
	2. 安全、规范操作无事故发生。		违反安全操作规定,扣5~10分,发生事故,本课题0分。		
总　　分					
额定时间120分钟	开始时间		结束时间	考评员签字 年　月　日	

知识链接

一、直流调速系统概述

调速控制系统是通过对电动机的控制,将电能转换成机械能,并且控制工作机械按给定的运动规律运行的装置。用直流电动机作为原动机的传动方式称为直流调速。

直流电动机由于具有良好的起动、制动性能和宽广的调速范围,在起重机、金属切削机床、轧钢机械、造纸机械中以其高精度、平滑调速而占据统治地位。直流调速系统在交流电网使用时,在电能转变为机械能的过程当中,要加入一个将交流电能变为直流电能的过程。

由于直流电动机存在机械换向问题,其最大供电电压受到限制,机械强度也限制了转速的进一步提高,结构的影响使其不适于腐蚀性、易爆性和含尘气体的特殊场合。交流电动机一直受到人们的重视,它体积小、重量轻、没有电刷和换向器、转动惯量小、制造简单、结构牢固、工作可靠、易于维修。只是长期以来一直没有理想的调速方案,因而只被应用于恒速拖动领域。晶闸管等功率元件的出现使交流电动机调速的发展出现了一个飞跃,使得采用半导体变流技术的交流调速得以实现。

电动机及其控制在国民经济中起着重要作用。无论是在工农业生产、交通运输、国防宇航、医疗卫生、商务与办公等的各种设备还是日常生活中的家用电器,都大量地使用各种各样的电动机。电动机既可作为电能生产的手段,也是电能应用的主要形式。据资料统计,我国生产的电能约 60% 用于电动机。

1.单闭环直流调速系统的定义

直流电动机具有良好的起、制动性能,宜于在较大范围内平滑调速,由晶闸管—直流电动机组成的直流调速系统是目前应用较普遍的一种电气传动自动控制系统。所谓调速,是指在某一具体负载情况下,通过改变电动机或电源参数的方法,使机械特性曲线得以改变,从而使电动机转速发生变化或保持不变。

调速的平滑性是指在一定的调速范围内,调速的级数越多越平滑。相邻两级转速比称为平滑系数,此系数越接近 1 越平滑。

2.直流电动机的调速方法

直流电动机转速表达式为

$$n = \frac{U_a - R_a I_a}{K_e \Phi} \tag{1-1}$$

式中:n 为转速;U_a 为电枢电压;I_a 为电枢电流;R_a 为电枢回路总电阻;Φ 为励磁磁通;K_e 为电动势常数。

由公式(1-1)式可知直流电动机有三种调速方法。

(1)调节电枢电压 U_a

工作条件:保持励磁 $\Phi = \Phi_N$;保持电阻 $R = R_a$。

调节过程:改变电压 $U_N \to U \downarrow$;$U \downarrow \to n \downarrow$,$n_0 \downarrow$。

调速特性:转速下降,机械特性曲线平行下移。调节电枢电压的调速特性如图 1-9所示。

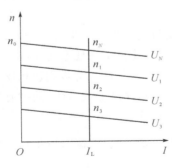

图 1-9　调压调速特性曲线

(2)调节励磁磁通 Φ

工作条件:保持电压 $U = U_N$;保持电阻 $R = R_a$。

调节过程:减小励磁 $\Phi_N \rightarrow \Phi \downarrow$;$\Phi \downarrow \rightarrow n \uparrow$,$n_0 \uparrow$ 。

调速特性:转速上升,机械特性曲线变软。调节励磁磁通的调速特性如图 1-10 所示。

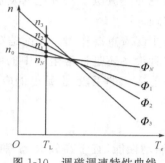

图 1-10　调磁调速特性曲线

（3）改变电枢附加电阻

工作条件:保持励磁 $\Phi = \Phi_N$;保持电压 $U = U_N$ 。

调节过程:增加电阻 $R_a \rightarrow R \uparrow$;$R \uparrow \rightarrow n \downarrow$,n_0 不变。

调速特性:转速下降,机械特性曲线变软。改变电枢附加电阻的调速特性如图 1-11 所示。

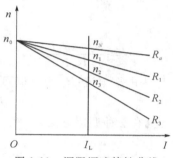

图 1-11　调阻调速特性曲线

对于要求在一定范围内无级平滑调速的系统来说,以调节电枢供电电压的方式为最好。改变电阻只能实现有级调速;减弱磁通虽然能平滑调速,但调速范围不大,往往只是配合调速方案,在基速(额定转速)以上作小范围的弱磁升速。因此,自动控制的直流调速系统往往以变压调速为主。

无级调速和有级调速都是衡量电动机调速平滑性的术语。无级调速是指调速的相邻两个速度十分接近,理论上可以得到调速范围内任意的速度。如果把速度点画成曲线,无级调速的曲线是没有台阶的,因此称为无级调速。有级调速相反,相邻的两个速度存在较大的差距,在这两个相邻速度之间别无选择,速度形成台阶,故称有级调速。

3. 直流调速系统用的可控直流电源

调压调速是直流调速系统的主要方法,而调节电枢电压需要有专门向电动机供电的可控直流电源。

（1）旋转变流机组（G-M 系统）

旋转变流机组用交流电动机和直流发电机组成机组,以获得可调的直流电压,如图1-12所示。

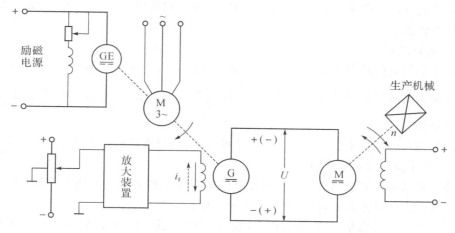

图 1-12   旋转变流机组供电的直流调速系统（G-M 系统）

工作原理：由原动机（柴油机、交流异步或同步电动机）拖动直流发电机 G 实现变流，由 G 给需要调速的直流电动机 M 供电，调节 G 的励磁电流 I_f，即可改变其输出电压 U，从而调节电动机的转速 n。这样的调速系统简称 G-M 系统。

缺点：此机组供电的直流调速系统在 20 世纪 60 年代以前曾广泛地使用，但该系统需要旋转变流机组，至少包含两台与调速电动机容量相当的旋转电机，还要一台励磁发电机，因此设备多，体积大，费用高，效率低，安装需打地基，运行有噪声，维护不方便，逐渐被 V-M 系统所代替。

（2）静止式可控整流器（V-M 系统）

静止式可控整流器用静止式的可控整流器，以获得可调的直流电压，如图 1-13 所示。

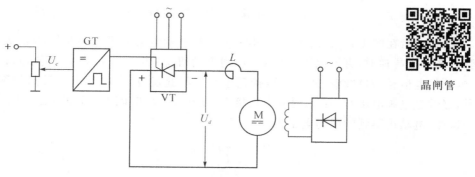

晶闸管

图 1-13   晶闸管可控整流器供电的直流调速系统（V-M 系统）

晶闸管—电动机调速系统（简称 V-M 系统），又称静止的 Ward-Leonard 系统。图 1-13 中 VT 是晶闸管可控整流器，通过调节触发装置 GT 的控制电压 U_c 来移动触发脉冲的相位，就可改变整流电压 U_d，从而实现平滑调速。

V-M 系统的特点：

1）晶闸管整流装置不仅在经济性和可靠性上都有很大提高，而且在技术性能上也显示出较大的优越性。晶闸管可控整流器的功率放大倍数在 10^4 以上，其门极电流可以直接用晶体管来控制，不再像直流发电机那样需要较大功率的放大器。

2)在控制作用的快速性上,变流机组是秒级,而晶闸管整流器是毫秒级,这将大大提高系统的动态性能。

V-M 系统的问题:

1)由于晶闸管的单向导电性,它不允许电流反向,给系统的可逆运行造成困难。

2)晶闸管对过电压、过电流和过高的$\frac{dV}{dt}$与$\frac{dI}{dt}$都十分敏感,若超过允许值会在很短的时间内损坏器件。

3)由谐波与无功功率引起电网电压波形畸变,殃及附近的用电设备,造成"电力公害"。

（3）直流斩波器或脉宽调制变换器

直流斩波器或脉宽调制变换器用恒定直流电源或不控整流电源供电,利用电力电子开关器件斩波或进行脉宽调制,以产生可变的平均电压。

在干线铁道电力机车、工矿电力机车、城市有轨和无轨电车和地铁电机车等电力牵引设备上,常采用直流串励或复励电动机,由恒压直流电网供电。过去用切换电枢回路电阻来控制电机的起动、制动和调速,在电阻中耗电很大,如图 1-14(a)所示。

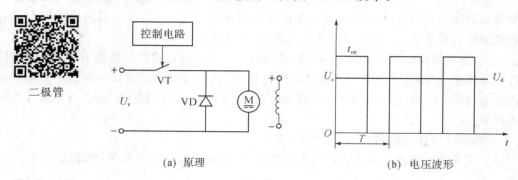

(a) 原理　　　　　　　　　　　(b) 电压波形

图 1-14　直流斩波器—电动机系统的原理和电压波形

控制原理:在图 1-14(a)所示的原理图中,VT 表示电力电子开关器件,VD 表示续流二极管。当 VT 导通时,直流电源电压 U_s 加到电动机上;当 VT 关断时,直流电源与电机脱开,电动机电枢经 VD 续流,两端电压接近于零。如此反复,电枢端电压波形如图 1-14(b)所示,好像是电源电压 U_s 在 t_{on} 时间内被接上,又在 $T \sim t_{on}$ 时间内被斩断,故称"斩波"。

这样,电动机得到的平均电压为

$$U_d = \frac{t_{on}}{T} U_s = \rho U_s \tag{1-2}$$

式中:T 为晶闸管的开关周期;t_{on} 为开通时间;ρ 为占空比,$\rho = \frac{t_{on}}{T} = t_{on} \times f$,$f$ 为开关频率。

为了节能并实行无触点控制,现在多用电力电子开关器件,如快速晶闸管、GTO、IGBT 等。采用简单的单管控制时,称作直流斩波器,后来逐渐发展成采用各种脉冲宽度调制开关的电路,构成脉宽调制变换器(Pulse Width Modulation,PWM)。

PWM 的优点:

1)主电路线路简单,需用的功率器件少;

2)开关频率高,电流容易连续,谐波少,电机损耗及发热都较小;

3)低速性能好,稳速精度高,调速范围宽,可达 1:10000 左右;

4）若与快速响应的电机配合，则系统频带宽，动态响应快，动态抗扰能力强；

5）功率开关器件工作在开关状态，导通损耗小，当开关频率适当时，开关损耗也不大，因而装置效率较高；

6）直流电源采用不控整流时电网功率因数比相控整流器高。

4.调速指标

（1）静态调速指标

1）调速范围

电动机在额定负载下，运行的最高转速 n_{max} 与最低转速 n_{min} 之比称为调速范围，用 D 表示，即

$$D=\frac{n_{max}}{n_{min}} \tag{1-3}$$

2）静差率

静差率指电动机稳定运行时，当负载由理想空载加至额定负载时，对应的转速降落与理想空载转速之比，即

$$s=\frac{\Delta n_N}{n_0} \tag{1-4}$$

3）调速范围与静差率的关系

$$D=\frac{n_{max}}{n_{min}}=\frac{n_N s}{(1-s)\Delta n_N} \tag{1-5}$$

（2）动态调速指标

动态调速指标包括跟随性性能指标和抗干扰性性能指标两类。

1）跟随性性能指标

在给定信号的作用下，系统输出的变化情况可用跟随性性能指标来描述。当给定信号变化方式不同时，输出响应也不一样。通常以输出量的初始值为零时在给定信号阶跃变化下的过渡过程作为典型的跟随过程，这时的动态响应又称阶跃响应。一般希望在阶跃响应下输出量相对于稳态值的偏差越小越好，得到稳态值的时间越快越好。跟随性性能指标一般由上升时间、超调量和调节时间三个指标来衡量。

2）抗干扰性性能指标

一般以在系统稳定运行中突加负载的阶跃扰动后的动态过程作为典型的抗干扰过程，并由此定义为抗干扰性性能指标。抗干扰性性能指标一般由动态降落、恢复时间、振荡次数来衡量。

二、单闭环直流调速系统的组成

1.开环调速系统及其存在的问题

直流电动机由于调速性能好，起动、制动和过载转矩大，便于控制等特点，是许多大容量高性能要求的生产机械的理想电动机。当生产机械对调速性能不高时，可采用开环调速系统。但开环调速系统的调速范围有一定限制。

若可逆直流脉宽调速系统是开环调速系统，调节控制电压就可以改变电动机的转速。如果负载的生产工艺对运行时的静差率要求不高，这样的开环调速系统都能实现一定范围内的无级调速。但是，许多需要调速的生产机械常常对静差率有一定的要求。在这些情况

下,开环调速系统往往不能满足要求。

2.闭环控制环节的组成

由信号正向通路和反馈通路构成闭合回路的自动控制系统称为反馈控制系统。所谓反馈原理,就是根据系统输出变化的信息来进行控制,即通过比较系统行为(输出)与期望行为之间的偏差,并消除偏差以获得预期的系统性能。在反馈控制系统中,既存在由输入到输出的信号前向通路,也包含从输出端到输入端的信号反馈通路,两者组成一个闭合的回路。因此,反馈控制系统又称为闭环控制系统。反馈控制是自动控制的主要形式。自动控制系统多数是反馈控制系统。在工程上常把在运行中使输出量和期望值保持一致的反馈控制系统称为自动调节系统,而把用来精确地跟随或复现某种过程的反馈控制系统称为伺服系统或随动系统。反馈控制系统由控制器、受控对象和反馈通路组成,如图1-15所示。

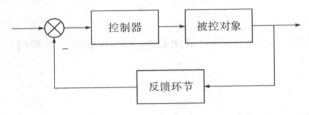

图1-15 反馈控制系统框图

图1-15中带叉号的圆圈为比较环节,用来将输入与输出相减,给出偏差信号。这一环节在具体系统中可能与控制器一起统称为调节器。以炉温控制为例,受控对象为炉子;输出变量为实际的炉子温度;输入变量为给定常值温度,一般用电压表示。炉温用热电偶测量,代表炉温的热电动势与给定电压作比较,两者的差值电压经过功率放大后用来驱动相应的执行机构进行控制。

与开环控制系统相比,闭环控制具有一系列优点。在反馈控制系统中,不管出于什么原因(外部扰动或系统内部变化),只要被控制量偏离规定值,就会产生相应的控制作用去消除偏差。因此它具有抑制干扰的能力,对元件特性变化不敏感,并能改善系统的响应特性。但反馈回路的引入增加了系统的复杂性,而且当增益选择不当时会引起系统的不稳定。为了提高控制精度,在扰动变量可以测量时,也常同时采用按扰动的控制(即前馈控制)作为反馈控制的补充而构成复合控制系统。

3.单闭环直流调速系统的组成

根据自动控制原理,反馈控制的闭环系统是按被调量的偏差进行控制的系统。只要被调量出现偏差,它就会自动产生纠正偏差的作用。调速系统的转速降落正是由负载引起的转速偏差。显然,引入转速闭环应该能使调速系统大大减少转速降落。

在电动机轴上安装一台测速发动机,引出与转速成正比的电压信号,以此作为反馈信号与给定电压信号比较,所得差值电压经过放大器产生控制电压,用以控制电动机转速,从而构成转速负反馈调速系统。其控制原理图如图1-16所示。

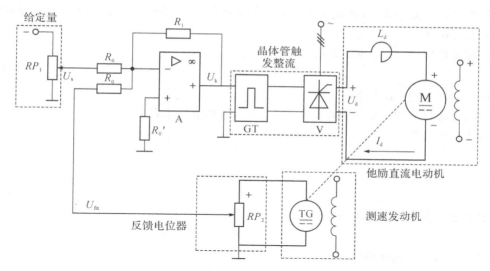

图 1-16　转速负反馈结构框图

给定电位器一般由稳压电源供电,以保证转速给定信号的精度。测速发动机电压与电动机转速成正比。其各环节分析如下:

（1）比例放大环节

比例放大环节如图 1-17 所示。

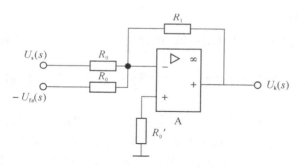

图 1-17　比例放大环节

比例积分规律

由叠加定理,当 $U_s(s)$ 单独作用时,有

$$\frac{U'_k(s)}{U_s(s)} = -\frac{R_1}{R_0} \Rightarrow U'_k = -\frac{R_1}{R_0} \times U_s(s) \tag{1-6}$$

当 $U_{fn}(s)$ 单独作用时,有

$$\frac{U''_k(s)}{-U_{fn}(s)} = -\frac{R_1}{R_0} \Rightarrow U''_k = -\frac{R_1}{R_0} \times [-U_{fn}(s)] \tag{1-7}$$

所以当 U_s 和 U_{fn} 共同作用时,有

$$U_k = U'_k + U''_k = -\frac{R_1}{R_0} \times [U_s(s) - U_{fn}(s)] \tag{1-8}$$

（2）转速检测环节

转速的检测方式很多,有测速发电机、电磁感应传感器、光电传感器等。读出量又分模

拟量和数字量。此系统中,转速反馈量需要的是模拟量,一般采用测速发电机。测速发电机分直流和交流两种。

测速反馈信号 U_{fn} 与转速成正比,有

$$U_{fn} = \alpha n \tag{1-9}$$

这里 α 称为转速反馈系数。

在假设忽略各种非线性因素等条件下,系统各环节的稳态关系为

电压比较环节:

$$\Delta U = U_S - U_{fn} \tag{1-10}$$

比例放大器:

$$U_k = K_p \Delta U \tag{1-11}$$

触发器及晶闸管整流装置:

$$U_{d0} = K_s U_k \tag{1-12}$$

此系统的开环机械特性:

$$n = \frac{U_{d0} - I_d R}{C_E \Phi} \tag{1-13}$$

测速发电机:

$$U_f = \alpha n \tag{1-14}$$

以上各式中:K_p 为放大器电压放大倍数;K_s 为晶闸管整流装置的电压放大倍数;α 为测速发电机的反馈系数(min/r)。

4. 单闭环调速系统的基本性质

单闭环调速系统是一种最基本的反馈控制系统,因此,它必然具有反馈控制的基本规律。体现出如下基本特征:

(1)采用比例调节器的闭环系统是有静差的,K 值越大,稳态性能就越好,但不能消除,因为闭环系统存在稳态速降。

(2)闭环系统对被包围在负反馈环内的一切主通道上的扰动作用都能有效地加以抑制。给定电压不变时,作用在控制系统上所有引起转速变化的因素都称为扰动作用。必须指出,只有被包围在反馈环内作用在控制系统主通道上的扰动对被调节量的影响才会受到反馈的抑制。

(3)闭环系统对给定电源和检测装置中的扰动量无能为力,给定电源发生了不应有的波动,被调量也要跟着变化。反馈控制系统无法鉴别是正常的调节给定电压还是给定电源的变化。因此,高精度的调速系统需要有高精度的给定稳定电源,反馈检测元件本身的误差对转速的影响是闭环系统无法克服的。

三、单闭环无静差直流调速系统

采用比例调节器的单闭环调速系统,其控制作用需要用偏差来维持,属于有静差调速系统,只能设法减少静差,无法从根本上消除静差。对于有静差调速系统,如果根据稳态性能指标要求计算出系统的开环放大倍数,动态性能可能较差,或根本达不到稳态,也就谈不上是否满足稳态要求。采用比例积分调节器代替比例放大器后,可以使系统稳定且有足够的稳定裕量。但是采用比例积分调节器之后系统稳态性能是否能令人满意前面并未提及。

通过下面的讨论我们将看到,将比例调节器换成比例积分调节器之后,不仅改善了动态性能,而且还能从根本上消除静差,实现无静差调速。

1. 积分调节器和积分控制规律

图1-18所示为阶跃输入时积分调节器的输出特性。

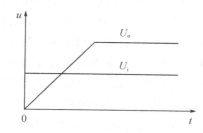

图1-18 阶跃输入时积分调节器的输出特性

从以上分析可知,积分调节器具有下述特点:

(1)积累作用。只要输入端有信号,哪怕是微小信号,积分就会进行,直至输出达到饱和值(或限幅值)。只有当输入信号为零,这种积累才会停止。

(2)记忆作用。在积分过程中,如果突然使输入信号为零,其输出将始终保持在输入信号为零瞬间前的输出值。

(3)延缓作用。即使输入信号突变,例如为阶跃信号,其输出却不能跃变,而是逐渐积分线性渐增的。这种滞后特性就是积分调节器的延缓作用。

比例调节器的输出只取决于输入偏差量的现状,而积分调节器的输出则不仅取决于输入偏差量的现状,而且包含了输入偏差量的全部历史。只要历史上有过一定输入偏差量,即使现在输入偏差量为零,其积分仍有一定数值,仍能产生足够的控制电压,保证系统能在稳态下运行。这就是积分控制规律与比例控制规律的根本区别。

采用积分调节器虽然能使调速系统在稳态时没有静差,但是由于积分调节器的延缓作用,使其输出相对于输入有明显的滞后,输出电压的变化缓慢,使调速系统的动态响应很慢。采用比例调节器时虽然有静差,但动态响应却较快。因此,如果既要稳态准,又要响应快,可将两种控制规律结合起来,这就是比例积分控制。

2. 比例积分调节器和比例积分控制规律

比例积分调节器的输出电压由比例和积分两个部分组成,在零初始状态和阶跃输入信号作用下,其输出电压的时间特性如图1-19所示。

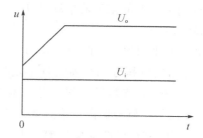

图1-19 阶跃输入时比例积分调节器的输出特性

由图 1-19 可以看出比例积分作用的物理意义。当突加输入电压时,由于开始瞬间电容相当于短路,反馈回路只有电阻起作用,使输出电压突跳到一定值。此后,随着电容被充电,开始体现积分作用,输出电压不断线性增长,直到达到输出限幅值或运算放大器饱和。这样,当单闭环调速系统采用比例积分调节器后,在突加输入偏差信号的动态过程中,在输出端实现快速控制,发挥了比例控制的长处;在稳态时,又和积分调节器一样,能发挥积分控制的作用,输入偏差为零,输出保持在一个恒定值上,实现稳态无静差。因此,比例积分控制综合了比例控制和积分控制两种规律的优点,又克服了各自的缺点,扬长避短,互相补充。比例部分能够迅速响应控制作用,积分控制则最终消除稳态偏差。作为控制器,比例积分调节器兼顾了快速响应和消除静差两方面的要求;作为校正装置,它又能提高系统的稳定性。所以,比例积分调节器在调速系统和其他自动控制系统中得到了广泛应用。

3.采用积分和比例积分调节器的单闭环无静差调速系统

(1)积分调节器构成的无静差系统

有静差调速系统无法消除 Δn_{c1},当把比例调节器换成积分调节器后,这一情况马上得到改观。积分调节器的输出等于输入量的累积,当输入量为零时,输出量维持为某一值,输入输出关系具有延缓性、积累性和记忆性。若在转速负反馈有静差调速系统中以积分调节器代替比例调节器,则构成无静差调速系统,其原理图如图 1-20 所示。

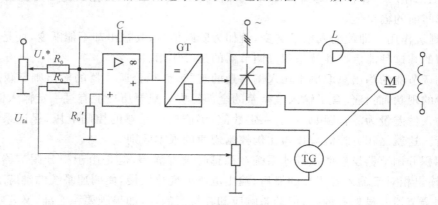

图 1-20　积分调节器无静差调速系统原理图

积分调节器的输入为给定电压 $U_n^\sharp$ 和反馈电压 U_{fn} 的偏差 ΔU_n,输出量为控制电压 U_{ct},由于积分控制不仅靠偏差 ΔU_n 的数值,还决定于 ΔU_n 的累积,只要有过 ΔU_n,即使现在 $\Delta U_n = 0$,根据其记忆性,仍能输出控制电压 U_{ct},保证系统恒速运行,即稳态时控制电压不再靠偏差来维持,而是实现无静差维持,从而实现无静差调速。

(2)积分调节器构成的无静差系统

比例积分调节器的输出电压由比例和积分两部分叠加而成,即在图 1-20 中的电容 C 上串联电阻 R_1,其他线路不变。在给比例积分调节器突加给定信号时,由于电容 C 两端电压不能突变,相当于电容电压瞬间短路,调节器瞬间作用是比例调节器,系数为 K_p,其输出电压 $U_{ct} = K_p U_i$,实现快速控制,发挥了比例控制的优点。此后 C 被充电,输出电压 U_{ct} 开始积分,其数值不断增长,直到稳态。稳态时,C 两端电压等于 U_{ct},R_1 的比例已不起作用,又和积分调节器性能相同,发挥了积分控制的长处,实现了无静差。在动态到静态的过程中比例积分调节器的放大倍数自动可变,动态时小,静态时大,从而解决了动态稳定性和快速性与静态精度之间的矛盾。

思考与练习

　　1.画出各控制单元的调试连线图。

　　2.简述各控制单元的调试要点

　　3.什么是调速范围？什么是静差率？调速范围、静态速降和最小静差率有什么关系？

　　4.直流调速方案有哪几种？各有什么特点？

　　5.转速单闭环调速系统有那些特点？改变给定电压能否改变电动机的转速？为什么？

任务二　带电流截止负反馈的转速单闭环直流调速系统原理与调试

任务目标

1. 了解单闭环直流调速系统的原理、组成及各主要单元部件的功能。
2. 掌握单闭环直流调速系统的调试方法及电流截止负反馈的整定。
3. 加深理解电流截止负反馈在系统中的作用。
4. 能对一些常见故障进行分析与处理。

任务描述

带电流截止负反馈的转速单闭环直流调速系统如图 2-1 所示。转速单闭环直流调速系统是将反映转速变化的电压信号作为反馈信号,经"速度变换"后接到"电流调节器"的输入端,与"给定"的电压相比较,经放大后,得到移相控制电压 U_{ct},用作控制整流桥的"触发电路",触发脉冲经功率放大后加到晶闸管的门极和阴极之间,以改变"三相全控整流"的输出电压,这就构成了速度负反馈闭环系统。电机的转速随给定电压变化,电机最高转速由"电流调节器"的输出限幅所决定。在本系统中"电流调节器"可采用 PI(比例积分)调节器或者 P(比例)调节器,当采用 P(比例)调节器时属于有静差调速系统,增加"调节器Ⅱ"的比例放大系数即可提高系统的静特性硬度。为了防止在启动和运行过程中出现过大的电流冲击,系统引入了电流截止负反馈。由"电流变换器(FBC)"取出与电流成正比的电压信号(FBC的"3"端),当电枢电流超过一定值时,将"电流调节器"的"5"端稳压管击穿,送出电流反馈信号进入"电流调节器"进行综合调节,以限制电流不超过其允许的最大值。

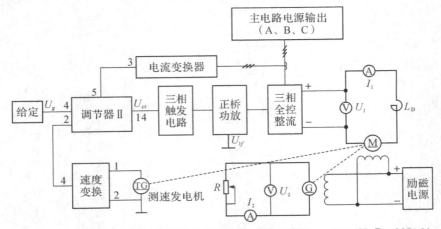

图 2-1　带电流截止负反馈的转速单闭环直流调速系统($L_d = 200\text{mH}, R = 2250\Omega$)

按图接好相应单元后,完成以下任务:

(1)相晶闸管触发电路的调试;

(2)测定和比较直流电动机开环机械特性和转速单闭环直流调速系统的静特性;

(3)整定电流截止负反馈的转折点,并检验电流负反馈效应。用慢扫描示波器观察和记录系统加入电流截止负反馈后,突加给定启动时电流 I_d 和转速 n 的波形。

任务实施

一、预习内容

熟悉本任务中所用到的实训器材,仔细阅读知识链接有关带电流截止负反馈的直流调速系统的工作原理。

电流截止负反馈

二、训练器材

本课题实训使用设备材料见表 2-1。

表 2-1　设备材料表

序号	型　　号	数量
1	PMT01 电源控制屏	1
2	PMT-02 晶闸管主电路	1
3	PMT-03 三相晶闸管触发电路	1
4	PMT-04 电机调速控制电路	1
5	PWD-17 可调电阻器	1
6	DD03-3 电机导轨、光码盘测速系统及数显转速表	1
7	DJ13-1 直流发电机	1
8	DJ15 直流并励电动机	1
9	慢扫描示波器	1
10	万用表	1

三、任务实施步骤

(一)基本单元技能训练

1. PMT-02 和 PMT-03 上的"触发电路"

(1)按下 PMT01 的"启动"按钮,观察 a、b、c 三相同步正弦波信号,并调节三相同步正弦波信号幅值调节电位器,使三相同步信号幅值尽可能一致;观察 A、B、C 三相的锯齿波,并调节 A、B、C 三相锯齿波斜率调节电位器,使三相锯齿波的斜率、高度尽可能一致。

(2)将 PMT-04 上的"给定"输出 U_g 与 PMT-03 的移相控制电压 U_{ct} 相接,将给定开关 S_2 拨到停止位置(即 $U_{ct}=0$),调节 PMT-03 上的偏移电压电位器,用双踪示波器观察 A 相同步电压信号和"双脉冲观察孔"VT1 的输出波形,使 $\alpha=180°$。

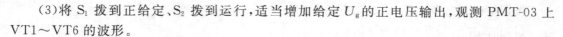

（3）将 S_1 拨到正给定、S_2 拨到运行，适当增加给定 U_g 的正电压输出，观测 PMT-03 上 VT1~VT6 的波形。

（4）将 PMT-03 面板上的 U_{lf} 端接地，用 20 芯的扁平电缆，将 PMT-03 的"正桥触发脉冲输出"端和 PMT-02 "触发脉冲输入"端相连，观察 VT1~VT6 晶闸管门极和阴极之间的触发脉冲是否正常，此步骤结束后按下 MEC01 的"停止"按钮。

2. 直流电机开环机械特性的测定

（1）按图 2-1 分别将主回路和控制回路接好线。PMT-03 上的移相控制电压 U_{ct} 由 PMT-04 挂件上的"给定"输出 U_g 直接接入。直流发电机接负载电阻 R（R 接 2250Ω：将两个 900Ω 并联之后与两个 900Ω 串联），L_d 用 PWD-02 上的 200mH，将给定的输出调到零。

（2）先闭合励磁电源开关，按下 PMT-01"电源控制屏"启动按钮，使主电路输出三相交流电源，然后从零开始逐渐增加"给定"电压 U_g，使电动机转速慢慢升高并使转速 n 达到 1200r/min。

（3）改变负载电阻 R 的阻值，使电机的电枢电流从额定电流 I_{ed} 直至空载，测量并记录数据于表 2-2 中，直流电机开环外特性绘入图 2-2 中。

表 2-2　直流电机开环机械特性的测定

n(r/min)					
I_d(A)					

图 2-2　直流电机开环外特性

3. 基本单元部件调试

（1）直流电机开环机械特性的测定

直接将 PMT-04"给定"电压 U_g 接入 PMT-03 移相控制电压 U_{ct} 的输入端，"三相全控整流"输出接电阻负载 R，用示波器观察 U_d 的波形。当正给定电压 U_g 由零调大时，U_d 将随给定电压的增大而增大，当 U_g 超过某一数值 U'_g 时，U_d 的波形会出现缺相的现象，这时 U_d 反而随 U_g 的增大而减小。一般可确定移相控制电压的最大允许值 $U_{ctmax}=0.9U'_g$，即 U_g 的允许调节范围为 $0\sim U_{ctmax}$。如果我们把给定输出限幅定为 U_{ctmax} 的话，则"三相全控整流"输出范围就被限定，不会工作到极限值状态，保证六个晶闸管可靠工作。记录 U'_g 于表 2-3 中。

表 2-3　直流电机开环机械特性的测定

$U'_g(V)$	
$U_{ctmax}=0.9U'_g(V)$	

将给定退到零,再按停止按钮切断电源。

(2)调节器的调零

将 PMT-04 中"调节器Ⅱ"所有输入端接地,再将 RP1 电位器顺时针旋到底,用导线将"11"、"12"短接,使"调节器Ⅱ"成为 P(比例)调节器。调节面板上的调零电位器 RP2,用万用表的毫伏档测量"调节器Ⅱ"的"14"端,使调节器的输出电压尽可能接近于零。

(3)调节器正、负限幅值的调整

把"调节器Ⅱ"的"11"、"12"端短接线去掉,此时调节器Ⅱ成为 PI(比例积分)调节器,然后将 PMT-04 挂件上的给定输出端接到调节器Ⅱ的"4"端,当加一定的正给定时,调整负限幅电位器 RP4,使"调节器Ⅱ"的输出电压为最小值,当调节器输入端加负给定时,调整正限幅电位器 RP3,使之输出正限幅值为 U_{ctmax}。

(4)转速反馈系数的整定

直接将"给定"电压 U_g 接 PMT-03 的"移相控制电压 U_{ct}"的输入端,"三相全控整流"电路接直流电动机负载,L_d 用 PMT-02 上的 200mH,输出给定调到零。

打开励磁电源开关,按下启动按钮,从零逐渐增加给定,使电机提速到 $n=1500r/min$,调节"速度变换"上转速反馈电位器 RP1,使得该转速时反馈电压 $U_{fn}=+6V$,这时的转速反馈系数 $\alpha=U_{fn}/n=0.004V/(r/min)$。

4. 转速负反馈单闭环直流调速系统调试及闭环静特性的测定

(1)按图 2-1 接线(电流变换器的电流反馈输出端"3"不要接)。在本实验中,PMT-04 的"给定"电压 U_g 为负给定,转速反馈电压为正值,将"调节器Ⅱ"接成 P(比例)调节器或 PI(比例积分)调节器。直流发电机接负载电阻 R(R 接 2250Ω:将两个 900Ω 并联之后与两个 900Ω 串联),L_d 用 PWD-02 上的 200mH,给定输出调到零。

(2)直流发电机先轻载,从零开始逐渐调大"给定"电压 U_g,使电动机的转速接近 $n=1200r/min$。

(3)由小到大调节直流发电机负载 I,测出电动机的电枢电流 I_d 和电机的转速 n,直至 $I_d=I_{ed}$,即可测出系统静态特性曲线 $n=f(I_d)$。测定数据填入表 2-4 中,反馈单闭环静特性绘入图 2-3 中。

表 2-4　反馈单闭环静特性的测定

$n(r/min)$					
$I_d(A)$					

25

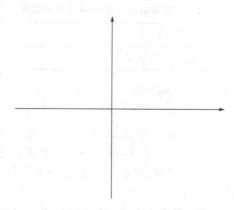

图 2-3　反馈单闭环静特性

5.电流截止负反馈环节的整定

用弱电导线将 PMT-02 上的"电流互感器输出"对应连接到 PMT-04 上的电流变换器的"TA1、TA2、TA3"端,把电流变换器的电流反馈输出端"3"接到"调节器Ⅱ"的输入端"5",从零开始逐渐调大"给定"电压 U_g,使电动机的转速接近 $n=1200\text{r/min}$;由小到大调节直流发电机负载 I,使主回路电流升至 1A。调整电流反馈单元(FBC+FA)中的电流反馈电位器 RP1,使电流反馈电压"I_f"逐渐升高直至将"调节器Ⅱ"的输入端"5"连接的稳压管击穿,此时电动机的转速会明显降低,说明电流截止负反馈环节已经起作用。I_N 即为截止电流。停机后可突加给定启动电动机。

（1）动态波形的观察

先调节好给定电压 U_g,使电动机在某一转速下运行,断开给定电压 U_g 的开关 S_2。然后突然合上 S_2,即突加给定启动电动机,用慢扫描示波器观察和记录系统加入电流截止负反馈后的电流 I_d 和转速 n 的动态波形曲线。

（2）测定挖土机特性

具有电流截止负反馈环节的转速负反馈单闭环直流调速系统的静特性是挖土机特性,其测定方法如下:逐渐增加给定 U_g,使电动机转速接近 $n=1200\text{r/min}$,由小到大调节直流发电机负载 I,使主回路电流升至 1A,记录额定工作点的数据。然后继续改变负载 R 使电流超过截止电流,转速下降到接近于零为止。记录几组转速和电流的数据,可画出挖土机特性。测定数据填入表 2-5 中,挖土机特性绘入图 2-4 中。

表 2-5　挖土机特性的测定

$n(\text{r/min})$							
$I_d(\text{A})$							

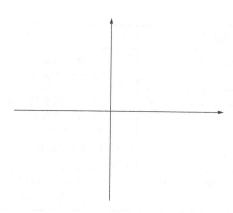

图 2-4　电流截止负反馈挖土机特性

（二）注意事项

（1）电机启动前，应先加上电动机的励磁，才能使电机启动。

（2）在系统未加入电流截止负反馈环节时，不允许突加给定，以免产生过大的冲击电流，使过流保护动作，实训无法进行。

（3）通电实验时，可先用电阻作为整流桥的负载，待确定电路能正常工作后，再换成电动机作为负载。

（4）在连接反馈信号时，给定信号的极性必须与反馈信号的极性相反，确保为负反馈，否则会造成失控。

（5）直流电动机的电枢电流不要超过额定值使用，转速也不要超过 1.2 倍的额定值，以免影响电机的使用寿命，或发生意外。

（6）PMT-03 挂件上的"给定"和 PMT-04 之间不共地，所以实训时须短接 PMT-03 与 PMT-04 的地。

任务评价

课题设计与模拟调试能力评价标准详见表 2-6 个人技能评分标准。

表 2-6　个人技能评分标准

项目	技能要求	配分	评分标准	扣分	得分
接线	1.接线正确。	20	每遗漏或接错一根线，扣 5 分。		
	2.通电一次成功。		通电不成功扣 10 分，最多通电两次。		
通电调试与绘制曲线	1.通电调试。	50	通电调试不正确扣，15 分。		
	2.绘制调节特性曲线。		绘制调节曲线不正确，扣 1～15 分。		
	3.绘制静态特性曲线。		绘制静态曲线不正确，扣 1～20 分。		

续表

项目	技能要求	配分	评分标准	扣分	得分
运行调试	1.绘制电流截止反馈调速系统框图。	30	绘制电流截止反馈调速系统框图不正确,扣 1~15 分。		
	2.叙述电流截止反馈调速系统起动过程。		电流截止反馈调速系统工作过程叙述不正确,扣 1~15 分。		
安全操作	1.工具、元件完好。	从总分中扣 5~10 分	有损坏,扣 5~10 分。		
	2.安全、规范操作无事故发生。		违反安全操作规定,扣 5~10 分,发生事故,本课题 0 分。		
总 分					
额定时间 120 分钟	开始时间		结束时间	考评员签字 年 月 日	

知识链接

一、电流截止负反馈概念

1.问题的提出

直流电动机全电压起动时,如果没有限流措施,会产生很大的冲击电流,这不仅对电机换向不利,对过载能力低的电力电子器件来说,更是不能允许的。

由直流电动机电枢回路的平衡方程式可知,电枢电流 I_d 为

$$I_d = \frac{U_d - C_e \Phi n}{R_a} = \frac{U_d - E}{R_a} \tag{2-1}$$

当电机起动时,由于存在机械惯性,所以不可能立即转动起来,即 $n=0$,则其反电动势 $E=0$。这时起动电流为

$$I_d = \frac{U_d}{R_a} \tag{2-2}$$

它只与电枢电压 U_d 和电枢电阻 R_a 有关。由于电枢电阻很小,所以起动电流是很大的。为了避免起动时的电流冲击,在电压不可调的场合,可采用电枢串电阻起动,在电压可调的场合则采用降压起动。

生产机械在工作过程中有可能要求电动机频繁地启动、制动。这种情况下,前述具有转速负反馈的调速系统(属于单闭环调速系统)存在如下问题:当给系统突然加上给定电压 U_g 时,由于系统的惯性,电动机转速为零,则启动时转速反馈电压 $U_{cf}=0$,$\Delta U = U_g$,即偏差电压 ΔU 几乎是其稳态工作时的 $(1+K)$ 倍。由于晶闸管整流装置、触发电路和放大器的惯性都较小,使整流电压 U_{da} 迅速达到最大值,故直流电动机全压启动。若没有限流措施,则启动电流 I_{st} 过大,不仅对电动机换向不利,也容易烧毁晶闸管。

此外,一些工作机械还会遇到堵转的情况,例如轴被卡住、挖土机碰到坚硬的石块等。因闭环系统的特性很硬,若无限流措施,电动机电流将大大超过允许值(直流电动机只允许

短时间通过 $2\sim 2.5$ 倍额定电流），若只采用快速熔断器和过电流继电器作为限流保护装置，会使机械工作中断，给正常工作带来不便。

如果仅采用电流负反馈，不要转速负反馈，则系统的静特性如图 2-5 中 B 线，特性很陡。显然这只对起动有利，对稳态运行不利。

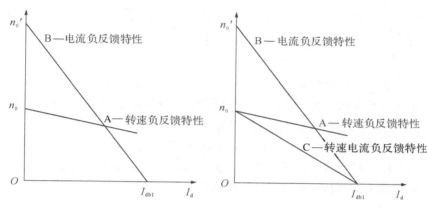

图 2-5　调速系统静特性　　　图 2-6　采用转速电流调速系统静特性

为了解决反馈闭环调速系统的起动和堵转时电流过大的问题，系统中必须有自动限制电枢电流的环节。根据反馈控制原理，要维持哪一个物理量基本不变，就应该引入那个物理量的负反馈。那么，引入电流负反馈，应该能够保持电流基本不变，使它不超过允许值。考虑到，限流作用只需在起动和堵转时起作用，正常运行时应让电流自由地随着负载增减，如图 2-6 所示。这种方法叫做电流截止负反馈，简称截流反馈。图 2-7 是具有电流截止负反馈环节的转速负反馈自动调速系统框图。

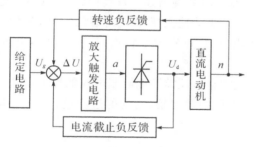

单相半波整流

图 2-7　带电流截止负反馈环节的调速系统框图

2. 系统组成与工作原理

截流反馈装置如图 2-8 所示。电流反馈信号来自于电阻 R_b，R_b 串在电枢回路中，其上的电压与负载电流 I_d 成正比。设临界截止电流为 I_0，当 $I_d>I_0$ 时，将电流负反馈信号加到放大器输入端；$I_d<I_0$ 时，将电流负反馈切断；为此，电路中引入了比较电压 U_b。

图 2-8(a) 所示是利用独立的直流电源作比较电压，用电位器调压；

图 2-8(b) 所示则是利用稳压管的击穿电压作比较电压；

图 2-9 所示是具有电流截止负反馈环节的转速负反馈自动调速系统。

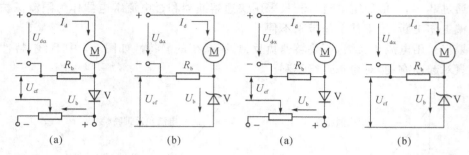

图 2-8　截流反馈装置　　　　图 2-9　带电流截止负反馈系统

电流截止负反馈电压 I_dR_b 与负载电流 I_d 成正比，U_b 是比较电压，由另外的电源供给。U_b 和二极管 V 决定了产生电流截止负反馈的条件。

当 I_d 不大且 $I_dR_d\leqslant U_b$ 时，二极管 V 截止，电流负反馈不起作用，对系统放大电路无影响；当 I_d 大到 $I_dR_b>U_b$ 时，二极管 V 导通，电压（$I_dR_b-U_b$）通过二极管以并联负反馈的形式加到放大器的输入端，减弱 ΔU 的作用，降低 $U_{d\alpha}$，从而减小 I_d。

3. 系统静特性

带电流截止负反馈的自动调速系统的静持性如图 2-10 所示。

在正常工作情况下，若负载电流 $I_d<I_0$，则电流负反馈电压 $I_dR_b<U_b$ 而不起作用，系统具有转速负反馈特性，如 n_0-A 段所示，特性很硬。当负载电流 $I_d>I_0$ 时，电流负反馈电压 $I_dR_b>U_b$，电流负反馈起作用，且随着 I_d 的增大负反馈愈来愈强，使可控整流电压 $U_{d\alpha}$ 迅速减小，电动机转速迅速下降，直到电动机堵转为止。堵转时 $n=0$，$I_d=I_{sc}$，使堵转电流仍限制在允许的范围内，如 A-B 段所示。

特性 n_0-A 段，电流负反馈截止，系统具有纯转速负反馈的特性；A-B 段电流负反馈参与作用，特性变软下垂。这种两段式的特性是挖土机必须具备的特性，故称之为"挖土机特性"。A 点称为截止点，I_0 称为截止电流，B 点称为堵转点，I_{sc} 称为堵转电流。一般取 $I_0=(1.0\sim1.2)I_e$，$I_{sc}=(2\sim2.5)I_e$。

在电动机起动、制动过程中，电流截止负反馈既能限制电流的峰值不会超过 I_{sc}，又能保证具有允许的最大起动和制动转矩，并能缩短起动、制动的过渡过程，因此电流截止负反馈环节几乎被各种调速系统所采用。

桥式整流

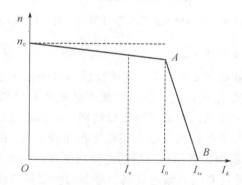

图 2-10　带有电流截止负反馈系统持性

电流截止负反馈的信号取出及控制方法很多，除前述的二级管、稳压管外，采用直流互感器等均可在过流时引入电流负反馈，使系统得到限流保护性调节。

二、带电流截止保护无静差调速系统

很多生产设备需要直接加阶跃给定信号，以实现快速起动的目的。由于系统的机械惯性大，电动机转速不能立即建立起来，尤其起动初期转速反馈信号加在比例调节器输入端的转速偏差信号是稳态时的$(1+K)$倍，造成整流电压高达满压起动，直流电动机的起动电流高达额定电流的几十倍，过电流保护继电器会使系统跳闸，电动机无法起动。此外，当电流和电流上升率过大，从直流电动机换向及晶闸管元件的安全要求来讲是不允许的。因此需要引入电流自动控制，限制起动电流，使其不超出电动机过载能力的允许限度。

要限制电流，则在系统中引入电流负反馈。但电流负反馈在限流的同时会使系统的特性变软。为了解决限流保护与静特性变软之间出现的矛盾，系统可采用电流负反馈截止环节，即需增设两个环节：其一为反映电枢电流的检测环节（直流电流互感器），构成电流反馈闭环；其二为反映电流允许值的阈值电平检测环节（稳压二极管），使电流反馈信号U_{fi}与U_z进行比较，其比较差值送比例—积分调节器，从而构成电流反馈截止环节，原理图如图 2-11 所示。

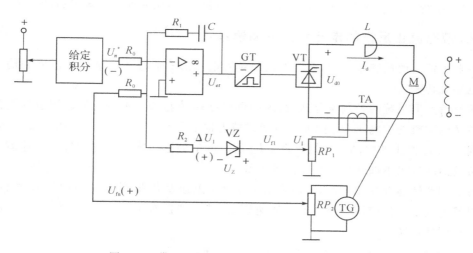

图 2-11　带电流截止保护无静差调速系统原理图

系统中的电流检测反馈信号$U_{fi}=bI_d$，b为检测环节的比例系数；允许电枢电流截止反馈的门坎值$I_0=U_z/b$，U_z为稳压二极管稳定值。当$I_d<I_0$（即$U_{fi}<U_z$）时，电流反馈被截止，不起作用，此时系统仅存在转速负反馈。当负载电流增大使$I_d>I_0$（即$U_{fi}>U_z$）时，稳压二极管被反向击穿，允许电流反馈信号通过，转速反馈信号与电流反馈同时起作用，使调节器输出U_{ct}下降，迫使U_{do}迅速减小，限制了电枢电流随负载增大而增加的速度，有效抑制了电枢电流增加，出现如图 2-12 所示的电流截止负反馈挖土机特性。

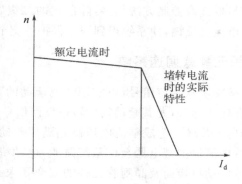

图 2-12 电流截止负反馈挖土机特性

总之,电流截止负反馈系统的特点如下:

(1)当电动机启动时,电流截止负反馈作用,从而限制启动电流。正常工作时,电流截止负反馈作用很小。

(2)当电动机发生堵转时,由于电流截止负反馈的作用,使 U_d 大大下降,因而使 I_a 不至于过大。允许的堵转电流一般为电动机额定电流的 2~2.5 倍。

(3)当系统工作在额定值时,电流截止负反馈起作用,从而保证系统设备的安全。

三、带电流正反馈的电压负反馈调速系统

在电压负反馈控制系统中,系统的输出量用电压形式通过负反馈环节返回到输入端来调节电动机转速。

转速负反馈系统的控制量是速度,因而可以维持转速基本不变。但电压负反馈系统的控制量是电动机的端电压 U_a,因而它只能维持电枢电压 U_a 接近不变。但由于负载增加,增加负载电流 I_a 产生的电动机电枢压降 I_aR_a 所引起的转速压降没有得到补偿。这就意味着电压负反馈的效果不如转速负反馈的效果好。

虽然调节性能存在以上不足,但是由于省略了测速发电机,使系统结构简单,维修方便,所以仍然得到了广泛应用。对一般的调速要求,若调速范围 $D<10$,静差率 $S>15\%$,就可使用这种调速系统。

1. 电压负反馈调速系统的主要特性

(1)电压负反馈的电阻接在电枢前面。它只能使主回路上的电压变化得到补偿,而电动机上的电压变化没有得到补偿,所以其电压负反馈的效果不如转速负反馈的效果好。

(2)一般的调速范围 $D<10$,静差率 $S>15\%$。

(3)系统结构简单,维修方便,但是在低速运行时容易发生停转现象。

在带电流正反馈的电压负反馈调速系统中由于电压负反馈不能补偿电动机上电压变化,所以电压负反馈系统的转速落差较大,即静特性不够理想。为了补偿电枢电阻压降,可在电压负反馈的基础上增加一个电流正反馈环节。

增加电流正反馈,也就是把一个反映电动机电枢电流大小的量 I_aR_c 取出,正反馈到输入端去。由于是正反馈,使调节器的输入信号反映了负载电流的增减,即当负载电流 I_a 增加时,调节器的输入信号也增加,使晶闸管整流器输出电压 U_d 也增加,以补偿电枢电阻所

产生的压降。

2. 带电流正反馈的电压负反馈调速系统的主要特性

(1)电流正反馈反映物理量是电动机负载的大小,不是被测量电压或转速的大小。

(2)电流正反馈是一种补偿环节,不是反馈环节。

(3)在电流正反馈对转速进行补偿中,负载增加,转速量上升,非转速量下降。负载减小,则反之。

思考与练习

1. 根据实验数据,画出直流电动机开环机械特性。

2. 画出转速单闭环直流调速系统的闭环静特性。

3. 如果给定电压不变,调节测速反馈电压的分压比是否能够改变转速?为什么?

4. 简述电流截止负反馈挖土机特性工作原理。

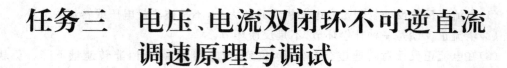
任务三　电压、电流双闭环不可逆直流调速原理与调试

任务目标

1.了解双闭环不可逆直流调速系统的原理、组成及各主要单元部件的功能。

2.掌握电压、电流双闭环不可逆直流调速系统调试步骤、方法及参数整定。

任务描述

　　电压、电流双闭环直流调速系统是由电压和电流两个调节器进行综合调节,可获得良好的静、动态性能(两个调节器均采用 PI 调节器),实训系统的原理框图如图 3-1 所示。

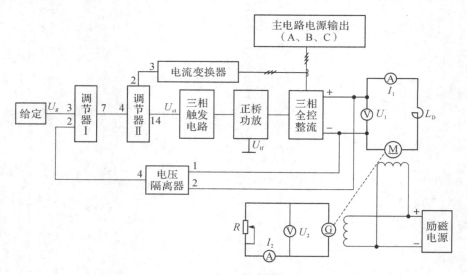

图 3-1　电压、电流双闭环直流调速系统原理框图

　　按图接好各组成单元后,完成以下内容:

(1)各控制单元调试;

(2)测定电流反馈系数 β、电压反馈系数 γ;

(3)测定开环机械特性及高、低转速时系统闭环静态特性 $n=f(I_d)$;

(4)闭环控制特性 $n=f(U_g)$ 的测定;

(5)观察、记录系统动态波形。

任务实施

一、预习内容

熟悉本任务中所用到的实训器材，仔细阅读知识链接有关双闭环直流调速系统的工作原理。

二、训练器材

本实训使用设备材料见表 3-1。

表 3-1　设备材料表

序号	型　号	数量
1	PMT01 电源控制屏	1
2	PMT-02 晶闸管主电路	1
3	PMT-03 三相晶闸管触发电路	1
4	PMT-04 电机调速控制电路 I	1
5	PWD-17 可调电阻器	1
6	DD03-3 电机导轨、光码盘测速系统及数显转速表	1
7	DJ13-1 直流发电机	1
8	DJ15 直流并励电动机	1
9	慢扫描示波器	1
10	万用表	1

三、任务实施步骤

（一）基本单元技能训练

1. 控制单元调试

双闭环调速系统调试原则如下：

1）先单元，后系统，即先将单元的参数调好，然后才能组成系统；

2）先开环，后闭环，即先使系统运行在开环状态，然后在确定电流和电压均为负反馈后，才可组成闭环系统；

3）先内环，后外环，即先调试电流内环，然后调试电压外环；

4）先调整稳态精度，后调整动态指标。

（1）移相控制电压 U_{ct} 调节范围的确定

按图 3-1 接好电路。直接将 PMT-04 "给定"电压 U_g 接入 PMT-03 移相控制电压 U_{ct} 的输入端，"三相全控整流"输出接电阻负载 R，用示波器观察 U_d 的波形。当正给定电压 U_g 由零调大时，U_d 将随给定电压的增大而增大，当 U_g 超过某一数值 U'_g 时，U_d 的波形会出现缺相的现象,这时 U_d 反而随 U_g 的增大而减小。一般可确定移相控制电压的最大允许值 $U_{ctmax}=0.9U'_g$,即 U_g 的允许调节范围为 $0\sim U_{ctmax}$。如果我们把给定输出限幅定为 U_{ctmax} 的话,则"三相全控整流"输出范围就被限定,不会工作到极限值状态,保证六个晶闸管可靠工作。记录 U'_g 于表 3-2 中。

表 3-2 移相控制电压 U_{ct} 调节范围确定

U'_g(V)	
$U_{ctmax}=0.9U'_g$(V)	

将给定退到零,再按停止按钮切断电源,结束步骤。

(2)调节器的调零

将 PMT-04 中"调节器Ⅰ"所有输入端接地,再将 RP1 电位器顺时针旋到底,用导线将"5"、"6"两端短接,使"调节器Ⅰ"成为 P(比例)调节器。调节面板上的调零电位器 RP2,用万用表的毫伏档测量"调节器Ⅰ"的"7"端,使调节器的输出电压尽可能接近于零。

将 PMT-04 中"调节器Ⅱ"所有输入端接地,再将 RP1 电位器顺时针旋到底,用导线将"11"、"12"两端短接,使"调节器Ⅱ"成为 P(比例)调节器。调节面板上的调零电位器 RP2,用万用表的毫伏档测量"调节器Ⅱ"的"14"端,使调节器的输出电压尽可能接近于零。

(3)调节器正、负限幅值的调整

把"调节器Ⅰ"的"5"、"6"端短接线去掉,此时"调节器Ⅰ"成为 PI(比例积分)调节器,然后将 PMT-04 挂件上的给定输出端接到"调节器Ⅰ"的"3"端,当加一定的正给定时,调整负限幅电位器 RP4,使"调节器Ⅰ"的输出负限幅值为 $-6V$。当调节器输入端加负给定时,调整正限幅电位器 RP3,使之输出电压为最小值。

把"调节器Ⅱ"的"11"、"12"端短接线去掉,此时调节器Ⅱ成为 PI(比例积分)调节器,然后将 PMT-04 挂件上的给定输出端接到调节器Ⅱ的"4"端,当加一定的正给定时,调整负限幅电位器 RP4,使之输出电压的绝对值为最小值,当调节器输入端加负给定时,调整正限幅电位器 RP3,使"调节器Ⅱ"的输出正限幅值为 U_{ctmax}。

(4)电压反馈系数的整定

直接将控制屏上的励磁电压接到电压隔离器的"1"、"2"端,用直流电压表测量励磁电压,并调节电位器 RP1,当输入电压为 220V 时,电压隔离器输出 $+6V$,这时的电压反馈系数 $\gamma=\dfrac{U_{fn}}{U_d}=0.027$。

(5)电流反馈系数的整定

用弱电导线将 PMT-02 上的"电流互感器输出"对应连接到 PMT-04 上的电流变换器的"TA1"、"TA2"、"TA3"端,直接将"给定"电压 U_g 接入 PMT-03 移相控制电压 U_{ct} 的输入端,整流桥输出接电阻负载 R(将两个 900Ω 串联),负载电阻放在最大值,输出给定调到零。

按下启动按钮,从零增加给定,使输出电压升高。当 $U_d=220V$ 时,减小负载的阻值,调节"电流变换器"上的电流反馈电位器 RP1,使得负载电流 $I_d=0.65A$ 时,"3"端 I_f 的的电流反馈电压 $U_{fi}=3V$,这时的电流反馈系数 $\beta=U_{fi}/I_d=4.615$。

2.开环外特性的测定

(1)PMT-03 上的移相控制电压 U_{ct} 由 PMT-04 挂件上的"给定"输出 U_g 直接接入,直流

发电机接负载电阻 R(R 接 2250Ω：将两个 900Ω 并联之后与两个 900Ω 串联)，L_d 用 PMT-02 上 $200\mathrm{mH}$，将给定的输出调到零。

（2）按下启动按钮，先接通励磁电源，然后从零开始逐渐增加"给定"电压 U_g，使电机启动升速，调节 U_g 和 R 使电动机电流 $I_d=I_{ed}$（电动机额定电流），转速到达 $1200\mathrm{r/min}$。

（3）增大负载电阻 R 阻值（即减小负载），可测出该系统的开环外特性 $n=f(I_d)$，记录于表 3-3 中，开环外特性绘入图 3-2 中。

表 3-3　开环外特性 $n=f(I_d)$ 测定

n(r/min)							
I_d(A)							

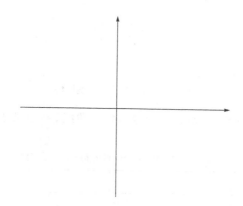

图 3-2　$n=f(I_d)$ 开环外特性

将给定退到零，断开励磁电源，按下停止按钮，结束实验。

3. 系统静特性测试

（1）接线

按图 4-4 接线，PMT-04 挂件上的"给定"电压 U_g 输出为正给定，电压反馈电压为负电压，直流发电机接负载电阻 R，L_d 用 PMT-02 上的 $200\mathrm{mH}$，负载电阻放在最大值处，给定的输出调到零。将调节器 Ⅰ、调节器 Ⅱ 都接成 P（比例）调节器后，接入系统，形成双闭环不可逆系统。按下启动按钮，接通励磁电源，增加给定，观察系统能否正常运行，确认整个系统的接线正确无误后，将"调节器 Ⅰ"，"调节器 Ⅱ"均恢复成 PI（比例积分）调节器，构成实验系统。

（2）机械特性 $n=f(I_d)$ 的测定

1）发电机先空载，从零开始逐渐调大给定电压 U_g，使电动机转速接近 $n=1200\mathrm{r/min}$，然后接入发电机负载电阻 R，逐渐改变负载电阻，直至 $I_d=I_{ed}$（额定电流），即可测出系统静态特性曲线 $n=f(I_d)$，并记录于表 3-4 中，机械特性 $n=f(I_d)$ 绘入图 3-3 中。

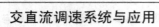

表 3-4　机械特性 $n=f(I_d)$ 的测定

$n(\mathrm{r/min})$						
$I_d(\mathrm{A})$						

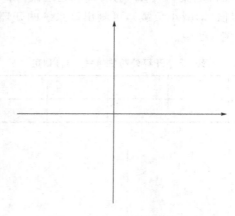

图 3-3　$n=f(I_d)$ 机械特性

2)降低 U_g，再测试 $n=800\mathrm{r/min}$ 时的静态特性曲线，并记录于表 3-5 中，静态特性曲线绘入图 3-4 中。

表 3-5　$n=800\mathrm{r/min}$ 时的静态特性曲线

$n(\mathrm{r/min})$						
$I_d(\mathrm{A})$						

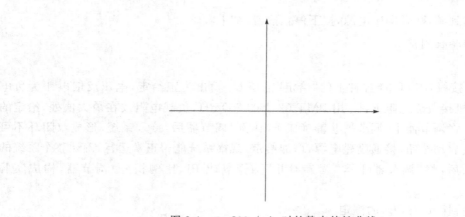

图 3-4　$n=800\mathrm{r/min}$ 时的静态特性曲线

3)测定闭环控制系统 $n=f(U_g)$。调节 U_g 及 R，使 $I_d=I_{ed}$（额定电流），$n=1200\mathrm{r/min}$，逐渐降低 U_g，记录 U_g 和 n，数据计入表 3-6，即可测出闭环控制特性 $n=f(U_g)$，闭环控制特性曲线绘入图 3-5 中。

表 3-6　闭环控制系统 $n=f(U_g)$ 的测定

$n(\text{r/min})$						
$U_g(\text{V})$						

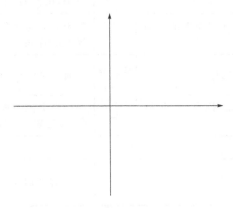

图 3-5　闭环控制特性曲线

4. 系统动态特性的观察

用慢扫描示波器观察动态波形。在不同的系统参数下（调节 RP1），用示波器观察、记录下列动态波形：

（1）突加给定 U_g，电动机启动时的电枢电流 I_d（"电流变换器"的"3"端）波形和转速 n（"速度变换"的"4"端）波形。

（2）突加额定负载（$20\%I_{ed}\Rightarrow100\%I_{ed}$）时电动机电枢电流波形和转速波形。

（3）突降负载（$100\%I_{ed}\Rightarrow20\%I_{ed}$）时电动机的电枢电流波形和转速波形。

（二）注意事项

在记录动态波形时，可先用双踪慢扫描示波器观察波形，以便找出系统动态特性较为理想的调节器参数，再用数字存储示波器或记忆示波器记录动态波形。

任务评价

课题设计与模拟调试能力评价标准详见表 3-7 的个人技能评分标准。

表 3-7　个人技能评分标准

项目	技能要求	配分	评分标准	扣分	得分
接线	1. 接线正确。	20	每遗漏或接错一根线，扣 5 分。		
	2. 通电一次成功。		通电不成功扣 10 分，最多通电两次。		
通电调试与绘制曲线	1. 通电调试。	50	通电调试不正确扣，15 分。		
	2. 绘制调节特性曲线。		绘制调节曲线不正确，扣 1～15 分。		
	3. 绘制静态特性曲线。		绘制静态曲线不正确，扣 1～20 分。		

续表

项目	技能要求	配分	评分标准	扣分	得分
运行调试	1. 绘制双闭环调速系统框图。	30	绘制双闭环调速系统框图不正确,扣1～15分。		
	2. 叙述双闭环调速系统起动过程。		双闭环调速系统工作过程叙述不正确,扣1～15分。		
安全操作	1. 工具、元件完好。	从总分中扣5～10分	有损坏,扣5～10分。		
	2. 安全、规范操作无事故发生。		违反安全操作规定,扣5～10分,发生事故,本课题0分。		
总　分					
额定时间120分钟	开始时间		结束时间	考评员签字年　月　日	

知识链接

一、双闭环调速系统的组成及其特性

转速负反馈

1. 双闭环调速系统的必要性

采用 PI 调节的单个转速闭环直流调速系统可以在保证系统稳定的前提下实现转速无静差。但是,如果对系统的动态性能要求较高,例如要求快速起、制动,突加负载动态速降小等,单闭环系统就难以满足需要。这主要是因为在单闭环系统中不能随心所欲地控制电流和转矩的动态过程。

在单闭环直流调速系统中,电流截止负反馈环节是专门用来控制电流的,但它只能在超过临界电流值以后,靠强烈的负反馈作用限制电流的冲击,并不能很理想地控制电流的动态波形。在带电流截止负反馈的单闭环直流调速系统中,起动电流突破临界电流以后,受电流负反馈的作用,电流只能再升高一点,经过某一最大值后,就降低下来,电机的电磁转矩也随之减小,因而加速过程必然拖长。

对于经常正、反转运行的调速系统,例如龙门刨床、可逆轧钢机等,尽量缩短起、制动过程的时间是提高生产率的重要因素。为此,在电机最大允许电流和转矩受限制的条件下,应该充分利用电机的过载能力,最好是在过渡过程中始终保持电流(转矩)为允许的最大值,使电力拖动系统以最大的加速度起动,到达稳态转速时,立即让电流降下来,使转矩马上与负载相平衡,从而转入稳态运行。

实际上,由于主电路电感的作用,电流不可能突跳。为了实现在允许条件下的最快起动,关键是要获得一段使电流保持为最大值的恒流过程。按照反馈控制规律,采用某个物理量的负反馈就可以保持该量基本不变,那么,采用电流负反馈应该能够得到近似的恒流过程。问题是,应该在起动过程中只有电流负反馈,没有转速负反馈,达到稳态转速后,又希望只要转速负反馈,不再让电流负反馈发挥作用。要想既存在转速和电流两种负反馈,又使它

们只能分别在不同的阶段里起作用,只用一个调节器显然是不可能的,可以考虑采用转速和电流两个调节器。

采用 PI 调节的单个转速闭环直流调速系统可以在保证系统稳定的前提下实现转速无静差。但是,如果对系统的动态性能要求较高,例如要求快速起制动、突加负载动态速降小等,单闭环系统就难以满足需要。仅靠电流截止环来限制起动和升速时的冲击电流,性能不能令人满意,为了充分利用电动机的过载能力,加快起动过渡过程,可专门设置一个电流调节器,构成电流转速双闭环调速系统,实现在最大电枢电流约束下转速过渡过程最快的“最优”控制。直流调速系统起动过程的电流和转速波形如图 3-6 所示。

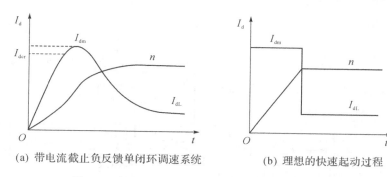

(a) 带电流截止负反馈单闭环调速系统　　　　(b) 理想的快速起动过程

图 3-6　直流调速系统起动过程的电流和转速波形

双闭环调速系统希望能实现以下控制:

(1)在起动过程的主要阶段,只有电流负反馈,没有转速负反馈;

(2)达到稳态后,只要转速负反馈,不让电流负反馈发挥主要作用。

双闭环调速引入

2.转速、电流双闭环直流调速系统的组成

在双闭环调速系统中,若将转速反馈和电流反馈信号同时引入一个调节器的输入端,不可能获得理想效果。为了实现转速和电流两种负反馈分别起作用,可在系统中设置两个调节器,分别调节转速和电流,即分别引入转速负反馈和电流负反馈。二者之间实行嵌套(或称串级)联接,如图 3-7 所示。把转速调节器 ASR 的输出当作电流调节器 ACR 的输入,再用电流调节器的输出去控制电力电子变换器 UPE。从闭环结构上看,电流环在里面,称作内环;转速环在外边,称作外环。这就形成了转速、电流双闭环调速系统。

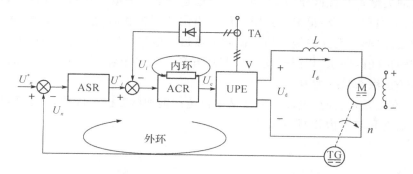

图 3-7　转速、电流双闭环直流调速系统

图 3-7 中:ASR 为转速调节器;ACR 为电流调节器;TG 为测速发电机;TA 为电流互感器;UPE 为电力电子变换器;U_n^* 为转速给定电压;U_n 为转速反馈电压;U_i^* 为电流给定电压;U_i 为电流反馈电压。

双闭环直流调速系统的电路原理图如图 3-8 所示。图中标出了两个调节器输入、输出电压的实际极性,它们是按照电力电子变换器的控制电压为正电压的情况标出的,并考虑到运算放大器的倒相作用。图中还表示了两个调节器的输出都是带限幅作用的,转速调节器 ASR 的输出限幅电压决定了电流给定电压的最大值,电流调节器 ACR 的输出限幅电压限制了电力电子变换器的最大输出电压。

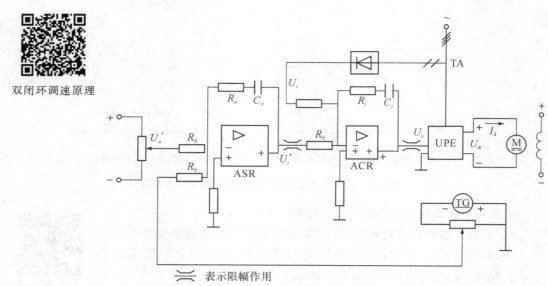

双闭环调速原理

$\approx$ 表示限幅作用

图 3-8 双闭环直流调速系统电路原理图

二、稳态结构框图和静特性

为了分析双闭环调速系统的静特性,必须先绘出它的稳态结构框图,如图 3-9 所示。它可以很方便地根据原理图画出来,只要注意用带限幅的输出特性表示 PI 调节器就可以了。分析静特性的关键是掌握这样的 PI 调节器的稳态特征。一般存在两种状况:饱和——输出达到限幅值;不饱和——输出未达到限幅值。当调节器饱和时,输出为恒值,输入量的变化不再影响输出,除非有反向的输入信号使调节器退出饱和。换句话说,饱和的调节器暂时隔断了输入和输出间的联系,相当于使该调节环开环。当调节器不饱和时,PI 的作用使输入偏差电压 ΔU 在稳态时总为零。

实际上,在正常运行时,电流调节器是不会达到饱和状态的。因此,对于静特性来说,只有转速调节器饱和与不饱和两种情况。

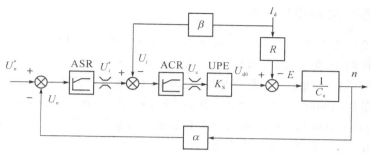

α—转速反馈系数；β—电流反馈系数

图 3-9 双闭环直流调速系统的稳态结构框图

(1)转速调节器不饱和时,两个调节器都不饱和,稳态时,它们的输入偏差电压都是零,因此

$$U_n^* = U_n = \alpha n = \alpha n_0 \tag{3-1}$$
$$U_i^* = U_i = \beta I_d \tag{3-2}$$

由第一个关系式可得

$$n = \frac{U_n^*}{\alpha} = n_0 \tag{3-3}$$

此时,由于 ASR 不饱和,$U_i^* < U_{im}^*$,从上述第二个关系式可知 $I_d < I_{dm}$。

(2)转速调节器饱和时,ASR 输出达到限幅值 U_{im}^*,转速外环呈开环状态,转速的变化对系统不再产生影响,双闭环系统变成一个单闭环调节系统。稳态时有

$$I_d = \frac{U_{im}^*}{\beta} = I_{dm} \tag{3-4}$$

其中,最大电流 I_{dm} 是由设计者选定的,取决于电动机的容许过载能力和拖动系统允许的最大加速度。

双闭环调速系统的静特性在负载电流小于 I_{dm} 时表现为转速无静差,这时,转速负反馈起主要调节作用。当负载电流达到 I_{dm} 时,对应于转速调节器的饱和输出 U_{tm}^*,这时,电流调节器起主要调节作用,系统表现为电流无静差,得到过电流的自动保护。这就是采用了两个 PI 调节器分别形成内、外两个闭环的效果。这样的静特性显然比带电流截止负反馈的单闭环系统静特性好。然而,实际上运算放大器的开环放大系数并不是无穷大,特别是当为了避免零点漂移而采用"准 PI 调节器"时,静特性的两段实际上都略有很小的静差。

双闭环系统采用 PI 调节器,则其稳态时输入偏差信号一定为零,即给定信号与反馈信号的差值为零,属无静差调节。考虑克服负载扰动的影响,其调节过程如下:

$I_{dL} \uparrow \rightarrow n \downarrow \rightarrow \Delta U_n(= U_n^* - \alpha n \downarrow) > 0 \rightarrow U_i^* \uparrow \rightarrow |\Delta U_i \uparrow| \rightarrow U_{ct} \uparrow \rightarrow U_{d0} \uparrow \rightarrow I_d \uparrow \rightarrow n \uparrow$

比例调节器的输出量总是正比于其输入量。PI 调节器未饱和时,其输出量的稳态值是输入的积分,直到输入为零,才停止积分。这时,输出量与输入无关,而是由它后面环节的需要决定的。

三、调节器的工程设计方法

作为工程设计方法,首先要使问题简化,突出主要矛盾。简化的基本思路是,把调节器的设计过程分作两步:第一,选择调节器的结构,使系统典型化,以确保系统稳定,同时满足所需的稳态精度;第二,选择调节器的参数,以满足动态性能指标的要求。

在选择调节器结构时,只采用少量的典型系统,它的参数与系统性能指标的关系都已事先找到,具体选择参数时只须按现成的公式和表格中的数据计算一下就可以了。这样就使设计方法规范化,大大减少了设计工作量。

按照设计多环控制系统先内环、后外环的一般原则,从内环开始,逐步向外扩展。在双闭环系统中,应该首先设计电流调节器,然后把整个电流环看做是转速调节系统中的一个环节,再设计转速调节器。

双闭环调速系统中的滤波环节包括电流滤波、转速滤波和两个给定信号的滤波环节。由于电流检测信号中常含有交流分量,为了不使它影响到调节器的输入,需加低通滤波。这样的滤波环节传递函数可用一阶惯性环节来表示,其滤波时间常数按需要选定,以滤平电流检测信号为准。然而,在抑制交流分量的同时,滤波环节也延迟了反馈信号的作用。为了平衡这个延迟作用,在给定信号通道上加入一个同等时间常数的惯性环节,称作给定滤波环节。其意义是,让给定信号和反馈信号经过相同的延时,使二者在时间上得到恰当的配合,从而带来设计上的方便。在设计时主要注意以下几个方面:

(1)调节器结构的选择

选择调节器,将控制对象校正成为典型系统,如图 3-10 所示。

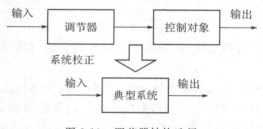

图 3-10 调节器结构选择

(2)控制系统的动态性能指标

调速系统的动态指标以抗扰性能为主,而随动系统的动态指标则以跟随性能为主。

(3)系统典型的阶跃响应曲线满足要求。

(4)突加扰动的动态过程和抗扰性能指标满足要求。

(5)典型 I 型系统和典型 II 型系统的比较

典型 I 型系统和典型 II 型系统除了在稳态误差上的区别以外,一般来说,在动态性能中典型 I 型系统可以在跟随性能上做到超调量小,但抗扰性能稍差;而典型 II 型系统的超调量相对较大,抗扰性能却比较好。这是设计选择典型系统的重要依据。

(6)电流调节器的设计

首先考虑应把电流环校正成哪一类典型系统。从稳态要求上看,希望电流无静差,以得到理想的堵转特性,采用 I 型系统就够了。再从动态要求上看,实际系统不允许电枢电流在突加控制作用时有太大的超调,以保证电流在动态过程中不超过允许值,而对电网电压波动的及时抗扰作用只是次要的因素。为此,电流环应以跟随性能为主,即应选用典型 I 型系统。

(7)转速调节器的设计

为了实现转速无静差,在负载扰动作用点前面必须有一个积分环节,它应该包含在转速调节器 ASR 中。现在扰动作用点后面已经有一个积分环节,因为转速环开环传递函数应共有两个积分环节,所以应该设计成典型的 II 型系统,这样的系统同时也能满足动态抗扰性能好的要求。至于其阶跃响应超调量较大,那是线性系统的计算数据,实际系统中转速调节器的饱和非线性性质会使超调量大大降低。

(8)转速环与电流环的关系

外环的响应比内环慢,这是按上述工程设计方法设计多环控制系统的特点。这样做,虽然不利于快速性,但每个控制环本身都是稳定的,对系统的组成和调试工作非常有利。

思考与练习

1.画出闭环控制特性曲线 $n=f(U_g)$。

2.画出两种转速时的闭环机械特性 $n=f(I_d)$。

3.画出系统开环机械特性 $n=f(I_d)$,计算静差率,并与闭环机械特性进行比较。

4.在转速、电流双闭环调速系统中,转速给定信号 U_n^* 未改变,若增大转速反馈系数 α,系统稳定后转速反馈电压 U_n 是增加还是减少? 为什么?

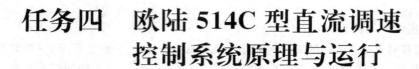
任务四 欧陆 514C 型直流调速
控制系统原理与运行

任务目标

1. 能熟练分析双闭环调速系统的原理。
2. 能完成欧陆 514C 可逆调速装置接线。
3. 能完成欧陆 514C 可逆调速装置的调试运行,达到控制要求。
4. 了解欧陆、西门子等主流全数字直流调速装置的工作原理和调试方法。

任务描述

欧陆 514C 控制系统是一种以运算放大器作为调节元件的模拟式直流可逆调速系统,由英国欧陆驱动器器件公司生产。欧陆 514C 用于对他励式直流电动机或永磁式直流电动机的速度进行控制,能控制电动机的转速在四象限中运行。它由两组反并联连接的晶闸管模块、驱动电路印刷电路板、控制电路印刷电路板和面板四部分组成。欧陆 514C 控制回路是一个外环为速度环、内环为电流环的双闭环调速系统,同时采用了无环流控制器对电流调节器的输出进行控制,分别触发正、反组单相全控桥式整流电路中的晶闸管,以控制电动机正、反转的四象限运行。欧陆 514C 的外观如图 4-1 所示。

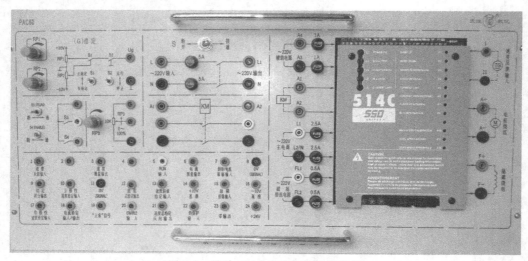

图 4-1 欧陆 514C 直流调速实训装置

514C 型调速器是一个逻辑控制的无环流直流可逆调速系统,它的控制回路是一个转速电流双闭环系统,外环是转速环,可采用速度反馈或电枢电压反馈,用户可以通过操作功能选择开关来决定反馈的方式。当采用电枢电压负反馈时,可使用电位器 P8 加上电流正反馈来进行速度补偿。如果采用的是速度负反馈,则应去掉电流补偿,即把电位器 P8 逆时针转到底。速度反馈的电压范围通过功能选择开关的组合来设定,并通过电位器对转速进行校正。

在实际应用中,通常直接使用厂家生产的直流调速器,通过安装、接线、调试直接应用到生产中,以达到预期的效果。本任务使用欧陆 514C 调速装置控制一台直流电动机,通过接线及参数调试来实现双闭环的控制调速。本任务要求完成:

(1)画出直流双闭环调速原理图。

(2)根据任务的要求,按照电气原理图完成线路的接线。

(3)按照步骤要求进行线路的调试,检查接线正确无误后通电调试。

(4)运行调试,达到指导教师的要求。

(5)绘制直流双闭环调速静态和动态特性曲线。

任务实施

一、预习内容

仔细阅读知识链接有关直流调速双闭环工作原理、欧陆 514C 调速工作原理等相关知识,写出控制要求的工作原理,并列出每个电动机、发电机、PI 调节模块、欧陆相关指示灯的动作顺序。

二、训练器材

技能训练使用的设备、工具和材料,如验电笔、万用表、连接导线、欧陆 513C 调速直流调速实训装置等,见图 4-2 所示。

1—测速发电机 SF;2—欧陆 514C 实训挂件;3—信号给定;4—发电机 F;5—电动机

图 4-2　欧陆 514C 调速直流调速实训装置

技能训练使用的设备、工具和材料,见表 4-1。

表 4-1 设备材料表

序号	型 号	数量
1	PMT01 电源控制屏	1
2	PDC-40 欧陆 514C 直流调速器	1
3	PWD-17 可调电阻器	1
4	DD03-3 电机导轨、光码盘测速系统及数显转速表	1
5	DJ13-1 直流发电机	1
6	DJ15 直流并励电动机	1
7	慢扫描示波器	1
8	万用表	1

三、任务实施步骤

(一)基本技能训练

1. 电压、电流双闭环可逆调速系统技能训练

(1)按图 4-3 接线,负载电阻 R 用 2250Ω(两个 900Ω 并联之后再与两个 900Ω 串联),并使可调电阻 R 以最大阻值接入,将给定电位器 RP1 和 RP2 逆时针调到底。

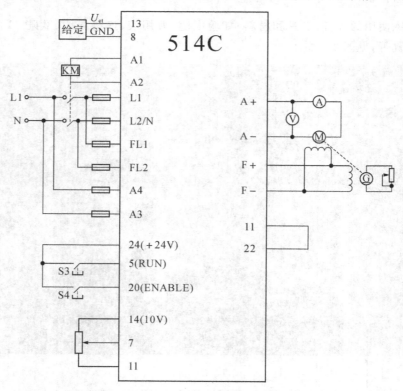

图 4-3 电压、电流双闭环可逆调速系统实训接线图

（2）将功能开关 SW1/3 置"ON"，表示采用的是电枢电压负反馈；分别将功能开关 SW1/1 和 SW1/2 置"ON"和"OFF"，表示反馈的电压范围为 125～325V；将 SW1/7、SW1/8 置"ON"；因实验中使用的电动机的额定电流为 1.2A，所以将电流标定转换开关十位置于 "0"，个位置于"1"，小数位置于"2"；将电流限幅电位器 P5 顺时针调到最大，高速校正电位器 P10 置于中间位置，电流补偿电位器 P8 置于中间位置。

（3）打开电源开关，依次扳动钮子开关 S3（RUN）和 S4（ENABLE），顺时针调节电位器 RP1 逐渐增加给定值到＋5V，电动机随之升速至稳态值。若电枢电压不为 180V，则调节电位器 P10，使电枢电压为 180V。若系统动态性能较差，可分别调整 PI 参数（P3、P4、P6、P7），若静差率较大，可调整电流补偿电位器 P5。

（4）观察与记录给定电压从零～正、零～负、正～负、负～正时的转速、电流波形。

数据计入表 4-2，波形绘入图 4-4 中。

表 4-2　实测记录表

I_d(A)	空载						
U_d(V)							
n(r/min)							

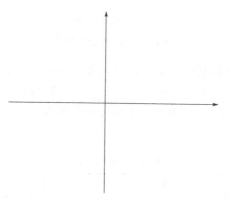

图 4-4　电压、电流双闭环可逆调速波形图

2. 转速、电流双闭环可逆调速系统技能训练

（1）按图 4-5 接线，负载电阻 R 用 2250Ω（两个 900Ω 并联之后再与两个 900Ω 串联），并使可调电阻 R 以最大阻值接入，将给定电位器 RP1 和 RP2 逆时针调到底。

（2）将功能开关 SW1/3 置"OFF"，表示采用的是转速负反馈；分别将功能开关 SW1/1 和 SW1/2 置"OFF"和"ON"，表示转速反馈的电压范围为 10～25V；将 SW1/7、SW1/8 置 "ON"；因实训中使用的电动机的额定电流为 1.2A，所以将电流标定转换开关的十位置于 "0"，个位置于"1"，小数位置于"2"；将电流限幅电位器 P5 顺时针调到最大，高速校正电位器 P10 置于中间位置，电流补偿电位器 P8 逆时针旋到底（表示不用电流补偿）。

（3）打开电源开关，依次扳动钮子开关 S3（RUN）和 S4（ENABLE），顺时针调节电位器 RP1 逐渐增加给定值到＋5V，电动机随之升速至稳态值。若电枢电压不为 180V，则调节电位器 P10，使电枢电压为 180V。若系统动态性能较差，可分别调整 PI 参数（P3，P4，P6，P7）。

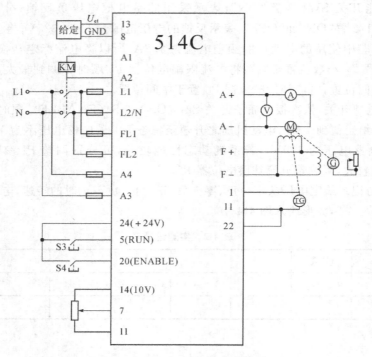

图 4-5 转速、电流双闭环可逆调速系统实训接线图

（4）观察与记录给定电压从零～正、零～负、正～负、负～正时的转速、电流波形。

调节特性曲线：设定给定电压为 $U_{gn}=$ ____ V（此处由教师设定），使电机转速为 $n=$ ____ r/min（此处由教师设定）。实测并标明电压和转速填表 4-3，并绘制调节特性曲线绘入图 4-6 中。

表 4-3 实测记录表

$U_{gn}(\text{V})$						
$U_{d}(\text{V})$						
$n(\text{r/min})$						

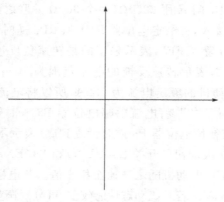

图 4-6 调节特性曲线

静特性曲线：设定给定电压 U_{gn} 为 $U_{gn}=$ ____ V（此处由教师设定），使电机转速为 $n=$ ____ r/min（此处由教师设定）。

实测记录 n= ____ r/min（此处由教师设定）时的静态特性，实测并标明电压和转速填入表 4-4。绘制静特性曲线填入图 4-7 中。

表 4-4　实测记录表

$I_d(A)$	空载						
$U_d(V)$							
$n(r/min)$							

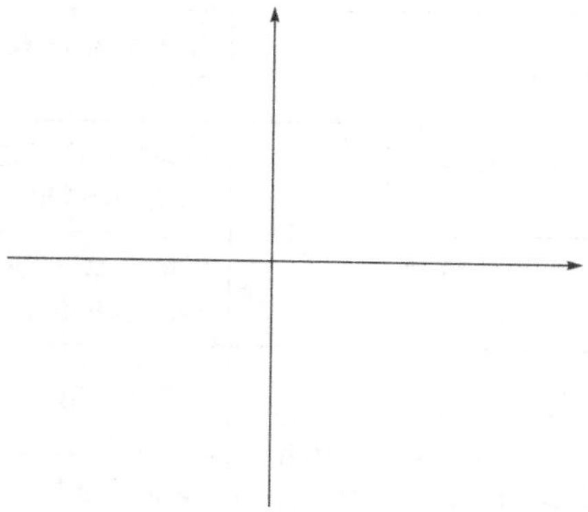

图 4-7　调节特性曲线

（二）注意事项

（1）在记录动态波形时，可先用双踪慢扫描示波器观察波形，以便找出系统动态特性较为理想的调节器参数，再用数字存储示波器或记忆示波器记录动态波形。

（2）电机启动前，应先加上电动机的励磁，才能使电机启动。在启动前必须将移相控制电压调到零，使整流输出电压为零，这时才可以逐渐加大给定电压。不能在开环或速度闭环时突加给定，否则会引起过大的启动电流，使过流保护动作，极警，跳闸。

（3）通电实验时，可先用电阻作为整流桥的负载，待确定电路能正常工作后，再换成电动机作为负载。

（4）在连接反馈信号时，给定信号的极性必须与反馈信号的极性相反，确保为负反馈，否则会造成失控。

（5）直流电动机的电枢电流不要超过额定值使用，转速也不要超过 1.2 倍的额定值，以免影响电机的使用寿命，或发生意外。

（6）PMT-01 实训时注意接地。

任务评价

课题设计能力与模拟调试能力评价标准见表 4-5。

表 4-5　个人技能评分标准

项目	技能要求	配分	评分标准	扣分	得分
接线	1.接线正确。	20	每遗漏或接错一根线,扣5分。		
	2.通电一次成功。		通电不成功扣10分,最多通电两次。		
通电调试与绘制曲线	1.通电调试。	50	通电调试不正确扣,15分。		
	2.绘制调节特性曲线。		绘制调节曲线不正确,扣5～15分。		
	3.绘制静态特性曲线。		绘制静态曲线不正确,扣5～20分。		
运行调试	1.画出欧陆514C可逆调速系统框图。	30	欧陆514C可逆调速装系统框图绘制不,扣5～15分。		
	2.简述欧陆514C可逆调速系统起动过程。		欧陆514C可逆调速系统起动过程叙述不正确,扣5～15分。		
安全操作	1.工具、元件完好。	从总分中扣5～10分	有损坏,扣5～10分。		
	2.安全、规范操作无事故发生。		违反安全操作规定,扣5～10分,发生事故,本课题0分。		
总　　　分					
额定时间180分钟	开始时间		结束时间		考评员签字 年　月　日

知识链接

一、数字直流调速系统简述

前述的直流调速系统都是基于模拟控制方式实现的。随着微电子技术、微处理器以及计算机控制软件的发展,调速控制的各种功能几乎均可通过微处理器,借助软件来实现。即从过去的摸拟控制向模拟—数字混合控制发展,最后实现全数字化。目前,工业生产领域广泛应用的数字直流调速器便是这一发展趋势的产物,它集控制功能和功率驱动于一体,具有十分优越的性能。

1.数字直流调速器的性能特点

数字调速器,除具有常规的调速功能外,其完善的大机界面可以对系统进行实时参数整定,调试非常方便;此外,它还具有故障报警、诊断及显示等功能。同时,数字调速器通常具有较强的通信能力,通过选配适当的通信接口模板,可方便地实现主站(如上一级 PLC 或计算机系统)和从站(单机交、直流传动控制装置)间的数字通信,组成分级多机的自动化系统。

为了易于调试,数字调速器的软件一般设计有调节器参数的自动化优化,通过启动优化程序,实现自动寻优和确定系统的动态参数,以及实现如直流电动机磁化特性曲线的自动测试等,有利于缩短调试时间和提高控制性能。国外一些电气公司都有成系列的与模拟调速系统相对应的全数字交、直流调速装置产品可供选用,新开发的调速装置几乎全是数字式的。与模拟装置类似,全数字调速器已发展成为紧凑式和模块式两大类。全数字调速器具有模拟调速装置无法比拟的优点,技术更加先进,操作更加方便。

数字调速器与模拟调速器相比较,技术性能有如下优点:静态精度高且能长期保持;动态性能好,借助于丰富的软件,易于实现各类自适应和复合控制;调速范围宽;电压波动小;参数实现软件化,无漂移影响;所用元器件数量少,不易失效;设定值自动化程度高,且状态重复率好;放大器和级间耦合噪声很小,电磁干扰小;调试及投产灵活方便,易于设计和修改设计;标准及通用化程度高,除主 PLC 模块外,多种附加模块可实现包括工艺参数在内的多元闭环控制;适用范围广,可实现各类变速控制且易于实现 PLC 或总线通信控制。由此可以看出,数字化将是未来调速设备的必然发展趋势。

场效应管

2. 数字直流调速器的通用调试方法

数字直流调速器在电气传动系统中得到广泛的应用。在应用过程中,虽然某些参数系统具有自优化的功能,但是为了得到良好的调速性能,对系统中的一些关键参数还需进行人工设置及修改。

目前,国外如 GE、SIEMENS、EUROTHERM 等公司的数字直流调速器在我国应用较广泛。无论是哪一家公司的产品,在使用过程中,对数字直流调速器的调试和参数设置都应遵循基本相似的方法和步骤。

在实际调试中,首先要了解直流调速器的控制对象(直流电动机)的电气参数,包括电动机的额定电枢电压、电流、额定转速及磁场的额定电流等,通过校准换算,在调速器的校准控制板上设置好相应值。其次,必须检查外部控制信号值是否在要求范围内,极性是否接反了等。一般数字式直流调速器采用转速(或电压)、电流双闭环结构。主要由给定信号处理、速度调节器、电流调节器、脉冲输出等部分构成,如果不需要系统的某些辅助及特殊功能,有些环节可采用系统默认设置。

系统调试时,大部分参数采用系统默认值,但由于控制的电动机参数各异,某些参数必须进行整定,特别是电流环、转速环的 PI 调节器的参数,关系到系统整体性能,其参数的设置是整个调试的关键。在对其进行调试时,一般采用由内环向外环逐一进行参数整定,即先从电流环入手,然后把电流环等效为转速环中的一个环节,再行整定速度环的参数。一般来讲,调速器的性能调试过程如下:

(1)调速器额定电流及供电电压匹配的整定

由于调速器的额定电流、额定电压和电动机的额定电流、电压不一致,根据调速器的使用要求,必须对额定电流、额定电压的参数进行整定。

(2)电流环参数的整定

数字式直流调速器一般均有电流环参数的自优化功能,用于自动调节电流环的比例增益、积分时间常数和断续边界电平。

调整不好的电流环,可能导致大电流瞬变,随后发生过电流跳闸报警。自整定的一般操作步骤如下:

1)除去电动机的励磁。如果是内部励磁,自整定功能可自动抑制励磁。在某些电动机中要求把转轴夹住,防止其旋转大于 20%,如对于永磁电动机,就必须把转轴夹住。

2)通过人机界面,设定电枢电流限幅值,一般为电动机额定电流的 1.2~1.5 倍;再调出自整定功能菜单,并将自整定标志设为"ON"。

3)操作调速器的"启动、运行"端,使主接触器吸合,然后调速器便能通过自优化整定程序,调节电流环的参数,使之显示最佳响应。在自优化动作完成之后,主接触器便自动断开,发出操作结束的信号,并使调速器返回安全状态,然后存储所有调试好的参数。

(3)速环参数的整定

调节转速环参数(主要是比例增益及积分时间常数)可达到最佳速度控制性能。从测速发电机的反馈中,应观察到对设定值很小变化的响应;而且比例增益和积分时间常数项应调节到能反应最小值和过冲之间转速反馈的迅速变化,如控制器使用微测速仪;编码器反馈,观察调速器端子上的转速反馈,也可监测到转速响应;如果系统对转速性能要求不高,采用的是电枢电压反馈,可通过电压反馈信号监测。转速环参数整定的一般步骤:

1)保持调速器外部接线在正常状态。

2)将幅值为 1V 的阶跃信号接入速度给定端,操作调速器的"启动、运行"端,使主接触器吸合。

3)用示波器观察转速反馈信号或电枢电压反馈信号,观察其波形是否满足要求。

(4)总体调试

系统在完成部分参数的计算及转速环、电流环参数校准后就可以试运行。先将负载断开,通过电压表观察输出的正反两个方向的电压随给定的变化情况是否达到要求,然后再接上负载,观察其动态响应是否达到要求。系统在经过上面一系列的计算调试后,一般都能达到最佳的控制效果,获得良好的动、静态性能。

二、欧陆 514C 型调速器的原理

1.控制器工作原理

控制器的面板及接线端子分布如图 4-8 所示。514C 型调速器的原
三相整流
理图如挂件面板所示,速度调节器 ASR 的限幅值是以电位器 P5 及接线端子 7 上所接的外部电位器来调整的。当端子 7 上未外接电位器时,通过 P5 可得到对应最大电枢电流为 1.1 倍标定电流的限幅值,而在端子 7 上通过外接电位器输入 0~7.5V 的直流电压时,通过 P5 可得到对应最大电枢电流为 1.5 倍标定电流的限幅值。电流反馈信号以内置的交流互感器从主电路中取出,并以 BCD 码开关 SW2、SW3、SW4 按电动机的额定电流来对电流反馈系数进行设置得出标定电流值。例如本实训使用的电动机的额定电流为 1.2A,则 SW2、SW3、SW4 分别设置为 0A、1A、2A。注意:SW2、SW3、SW4 的最大设定不能超过控制器的额定电流,如 514C/08 的最大设定值不能超过 8A。电流反馈系数非常重要,一旦设定之后系统就按此标定值实行对电枢电流的控制,并按此标定值对系统进行保护。

电流调节器 ACR 的输出经过选触逻辑电路和变号器分别送往正、反组触发电路。当需要开放正组时,ACR 的输出经选触逻辑电路送往正组触发电路,而当需要开放反组时,ACR 的输出经选触逻辑电路并反号后送往反组触发电路,从而只用一个电流调节器就可以很好地配合正、反组触发器的移相。选触逻辑电路和变号器均由逻辑切换装置进行控制。

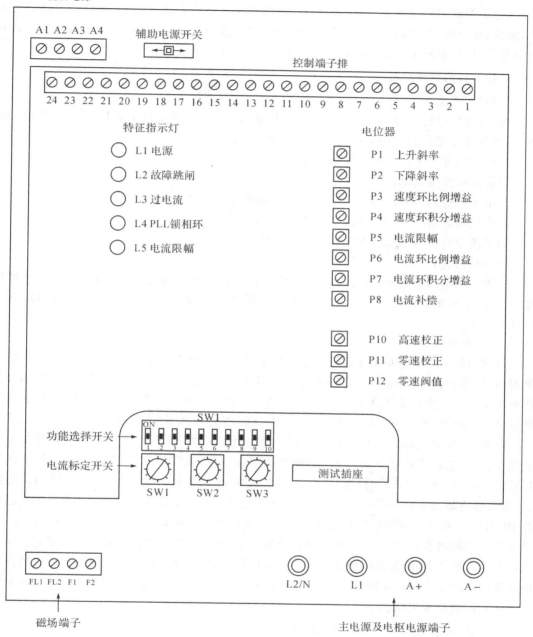

图 4-8 控制器的面板及接线端子分布

因电流调节器只有一个,其输出极性是可变的,这就要求电流反馈信号的极性也要随之改变,而系统采用的是交流互感器,所取出的电流信号经整流后得到的电流反馈信号始终是正极性的,为了保证电流环的负反馈性质,必须使电流负反馈的极性与速度调节器输出电压的极性相反,所以在电流反馈通道上也设置了一个变号器,根据逻辑切换装置的控制,在需要时对电流反馈信号的极性进行变号。

转速调节器的输出电压(即转矩极性)和零电平信号是逻辑切换装置的两个控制指令。此外,为了保证切换过程与主电路的同步,系统采用了锁相环技术,对主电路的电压进行取样、变换、整形后,产生同步信号,送往逻辑切换装置进行同步,同时将此同步信号经自动斜率调整后,送往触发电路进行移相触发控制,产生触发脉冲。

2. 控制器的保护功能

(1)停车逻辑

停车逻辑电路能发出封锁信号,将整个控制系统中各个调节器全部封锁,使系统输出为零,电动机停止运行。封锁信号在以下情况下产生:

1)给定信号为零并且电动机转速也为零;

2)锁相环发生故障;

3)电动机过热(热敏电阻呈高阻,22 端为高电平);

4)系统尚未启动(RUN 为低电平);

5)系统使能信号未加(ENABLE 为低电平)。

(2)故障检测

故障检测电路对电枢电流进行监视,当发生过流(电枢电流达到限幅值)时,发出故障信号,并点亮电流限幅指示灯 LED5;当电枢电流保持或超过限幅值 60s 后,点亮故障跳闸指示灯 LED2。

(3)过流跳闸

过流跳闸电路在电枢电流超限且指示灯 LED2 点亮时能自动断开内部继电器 KA 的线圈回路,使 KA 掉电跳闸,从而切断主电源。但若"过流跳闸禁止"开关 SW1/9 为"ON"时,此开关接通 0V,使过流跳闸不起作用,则 KA 不会跳闸。此外,当过电流达到 3.5 倍标定电流值以上,即发生短路时,"过电流"指示灯"LED3"点亮并且 KA 瞬时跳闸。

注意:当发生故障跳闸或热保护停车后,系统可通过将 RUN 信号断开后重新施加而使故障复位,控制器将重新启动。发生短路故障引起"过电流"指示灯"LED3"点亮后,不能通过重新施加 RUN 信号使故障复位,因为这种跳闸指示发生了重大故障,在排除短路故障后,可通过将辅助电源断开后重新接通而使故障复位,但需注意在重新接通辅助电源前必须将 RUN 信号断开。对故障电路的复位操作不能使控制器内部引起跳闸的计数器清零,如果发生过载跳闸后,在过载未消除的情况下重新启动控制器,那么控制器一启动电流限幅指示灯 LED5 就会亮,而且故障跳闸不再是 60s 后发生,而是立刻跳闸。这种保护方式能防止控制器和电动机受到连续的过载。要使内部的计时器清零,可以在"故障排除"端子 15 处输入 +10V 的电压来实现。

3.514C 型控制器接线端子功能说明

(1)各控制端子的功能说明见表 4-6。

表 4-6　欧陆 514C 控制端子功能说明

端子	功能	说明	备注
1	测速反馈	转速计输入	最大 +350V
2	未用		
3	速度测量输出	0～±10V 对应 0～100％转速	
4	未用		
5	RUN(运行)输入	+24V 对应 RUN;0V 对应停止	电平输入
6	电流测量输出	0～+7.5V 对应±150％标定电流 SW1/5 为 OFF 电流表双极性输出	SW1/5 为 ON 电流值输出
7	转矩/电流限幅输入	0～+7.5V 对应±150％标定电流	
8	公共 0V 端	数字/模拟量通用	
9	给定积分输出	0～±10 对应 0±100％斜率值	
10	正极性速度给定输入	0～±10 对应 0～+100％转速	
11	公共 0V 端	数字/模拟量通用	
12	速度总给定输出	0～±10 对应 100％转速	
13	速度斜坡给定输入	0～+10 对应 0～100％正转转速 0～-10 对应 0～100％反转转速	
14	+10V 基准	供速度/电流给定的±10V 基准	
15	故障排除输入	+10V 对应"故障排除"信号	电平输入
16	-10V 基准	供速度/电流给定的-10V 基准	
17	负极性速度给定输入	0～+10 对应 0～100％反转转速 0～-10 对应 0～100％正转转速	
18	电流直接给定输入/输出	SW1/8 为 ON 对应电流给定输出 SW1/8 为 OFF 对应电流给定输入 0～±7.5V 对应 0～±150％标定电流	
19	"正常"信号	+24V 对应无故障	电平输出
20	ENABLE 使能输入	+10V～+24V 对应使能 0V 对应禁止	电平输入
21	速度总给定反向输出	0～-10 对应 100％正转转速	
22	热敏电阻(热保护)输入	电动机热敏元件接入 <200Ω(对公共地)为正常 >1800Ω(对公共地)为过热	
23	零速/零给定输出	+24V 为停车/零给定 0V 为运行/非零给定	电平输出 短路保护
24	+24V	+24V 电源输出	20mA

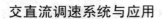

注意:24 端子输出的+24V 电压仅能用于控制器自身,可用于 RUN 电路(5 端子)和 ENANLE 电路(20 端子)。绝对不要用这个电源去对控制器以外的任何电路和设备供电,否则,将导致控制器失灵、故障或损坏,导致所连接的设备损坏,甚至造成人身危险。

(2)电源接线端子的说明见表 4-7。

表 4-7　欧陆 514C 电源端子功能说明

端子	功能	说明
A1	接交流接触器线圈	接交流电源相线
A2	接交流接触器线圈	接交流电源中线
A3	辅助交流电源中线	
A4	辅助交流电源相线	
L1	交流输入相线 1	主电源输入
L2/N	交流输入相线 2/中线	主电源输入
端子	功能	说明
A+	电枢正极	接电动机电枢正极
A−	电枢负极	接电动机电枢负极
F+	磁场正极	接电动机励磁正极(直流输出)
F−	磁场负极	接电动机励磁负极(直流输出)
FL1	磁场整流电源	主电源输入磁场整流器
FL2	磁场整流电源	主电源输入磁场整流器

(3)功能设置开关说明见表 4-8。

表 4-8　反馈电压范围选择功能开关

SW1/1	SW1/2	反馈电压范围	
OFF	ON	10～25V	用电位器 RP10 调整达到最大速度所需要的反馈电压数值
ON	ON	25～75V	
OFF	OFF	75～125V	
ON	OFF	123～325V	

(4)通用功能开关说明见表 4-9。

表 4-9　欧陆 514C 通用功能开关说明

SW1/3	速度反馈类型选择	OFF	转速反馈控制
		ON	电枢电压反馈控制
SW1/4	零输出选择	OFF	零速输出
		ON	零给定输出

SW1/5	电流测量输出选择	OFF	电流表双极输出
		ON	电流表输出
SW1/6	给定积分隔离选择	OFF	给定积分连通
		ON	给定积分隔离
SW1/7	停止逻辑使能开关	OFF	禁止
		ON	使能
SW1/8	电流定	OFF	端子 18 为直接电流给定输入
		ON	端子 18 为电流给定输出
SW1/9	过流跳闸禁止开关	OFF	过流时继电器脱扣
		ON	过流时继电器不脱扣
SW1/10	速度给定信号选择	OFF	总给定输入
		ON	斜坡给定输入

注:功能开关出厂默认设置为 SW1/1＝OFF,SW1/2＝ON,SW1/3＝ON,SW1/4＝OFF ,SW1/5＝OFF, SW1/6＝OFF, SW1/7＝OFF, SW1/8＝OFF,SW1/9＝OFF,SW1/10＝OFF。

（5）电位器功能说明见表 4-10。

表 4-10　欧陆 514C 电位器端子功能

P1	上升斜率	顺时针为加快升速时间(线性:1～40s)	中间位置
P2	下降斜率	逆时针为加快降速时间(线性:1～40s)	中间位置
P3	速度环比例增益		中间位置
P4	速度环积分增益		中间位置
P5	电流限幅	顺时针为电流增大 　7 端未外接电源时最大电流可达 110％标定值,7 端外接＋7.5V 电源时可获得 150％标定值的最大电流输出	顺时针 90％处
P6	电流环比例增益		中间位置
P7	电流环积分增益		逆时针
P8	电流补偿	在使用电压负反馈时,顺时针旋转可增大电流补偿量,减小静差率,但过量的调节可能引起不稳定	逆时针
P9	未用		
P10	高速校正	控制电动机的最大转速,顺时针旋转可提高电动机的最大转速	中间位置
P11	零速校正	在速度环零给定时可调零	中间位置
P12	零速检测阀值	调节零速继电器和停车逻辑电路的零速检测门坎电压	逆时针

三、SIEMENS 数字直流调速器

1. 产品简介

SIEMENS 公司的产品应用较广的直流调速装置是 6RA70 系列和 6RA24 系列,如图 4-9 所示。

(a)6RA24全数字直流调速系统　　　　　　　(b)6RA70全数字直流调速系统

图 4-9　西门子全数字直流调速系统

它们都是全数字直流调速产品,两者的区别如下:

(1)6RA24 单机额定电流最大 1200A,6RA70 单机额定电流最大 2000A。

(2)6RA24 单机励磁电流最大 30A,6RA70 单机励磁电流最大 40A。

(3)6RA24 基本装置具有 8 个开关量输入口,8 个开关量输出口,4 个模拟量入口,4 个模拟量输出口。68A70 基本装置具有 4 个开关呈输入口,4 个开关量输出口,2 个模拟量输入口,2 个模拟量输出口;但 6RA70 装置可选择 CUD2、EB1、EB2 端子扩展板。

(4)一般来讲,6RA70 基本装置(即不加 CUD2、S00 等组件)比 6RA24 基本装置价格低。

(5)6RA70 装置的通信板、工业板及端子扩展板与 6SE70 系列可以通用。

(6)6RA70 基本装置可选用 OPIS 舒适型操作面板,可存储多套参数。

目前市场上主流产品为 6RA70 系列数字直流调速器,下面对其进行简要介绍。

2. SIMOREG K 6RA70 系列数字直流调速器

(1)应用范围

SIMOREG K 6RA24 系列产品为三相交流电源直接供电的全数字控制装置,其结构紧凑,用于直流电动机电枢和励磁供电,完成调速任务。设计电流范围为 15~1200A,并可通过并联 SITOR 晶闸管单元进行扩展。还可用装置上原用来对电枢回路供电的整流器对直流电动机和同步电动机的励磁绕组供电。装置作此用途时还需通过参数设定。

根据不同的应用场合,可选择单象限或四象限工作的装置,装置本身带有参数设定单元,不需其他任何附加设备便可完成参数的设定。所有的控制调节监控及附加功能都由微处理器来实现,可选择给定值和反馈值为数字量或模拟量。

注意:在整流器的输出端需并联一电容或压敏电阻,用来保护装置。

(2)结构及工作方式

SIMOREG 6RA70 系列整流装置特点为体积小,结构紧凑。装置的门内装有一个电子箱,箱内装入调节板,电子箱内可装用于技术扩展和串行接口的附加板。各个单元很容易拆装,使装置维修服务变得简单、易行。外部信号连接的开关量输入/输出、模拟量输入输出、脉冲发生器等,通过插接端子排实现。装置软件存放闪存(Flash)——EPROM 使用基本装置的串行接口,通过写入可以方便地更换。

(3)功率部分电枢和励磁回路。

电枢回路为二相桥式电路。单象限工作装置的功率部分电路为三相全控桥 B6C。四象限工作装置的功率部分电路为反并联二相全控桥,(B6)A(B6)C 的工作方式为无环流。

励磁回路采用单相半控桥 B2HZ。额定电流 15~800A 的装置(交流输入电压为 400V 时,电流至 1200A),电枢和励磁回路的功率部分为电绝缘晶闸管模块;更大电流或输入电压高的装置,电枢回路的功率部分为平板式晶闸管。

(4)通信接口

1)PMU X300 插头是一个串行接口,此接口按 RS232 或 RS485 标准执行 USS 协议,可用于连接选件操作面板 OPls 或通过 PC 调试 SMOVIS。

2)在主电子板端子上的串行接口,RS485 双芯线或 4 芯线(4)于 USS 通信协议或装置对装置连接。

3)在端子扩充板选件端子上的串行接口,RS485 双芯线或 4 芯线,用于 USS 通信协议或装置对装置连接。

4)通过附加卡(选件)的 PROFIBUS-DP。

5)经附加卡(选件)SOMOLINK 与光纤电缆连接。

(5)操作控制面板

6RA70 数字调速器的简易操作面板(PMU)如图 4-10 所示,OP1S 操作面板用于调速柜参数设置、测量值显示、在内控时实现开环或闭环控制、通过速度给定电位计输入设定值、开机、关机。

所有为起动整流器所要采取的调整、设置均可通过简易操作面板来实现。

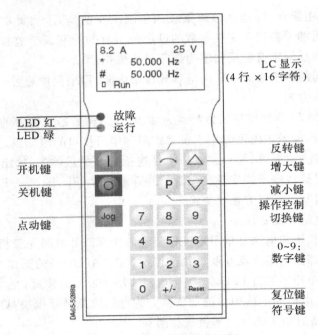

图 4-10   OP1S 简易操作面板

四、逻辑无环流可逆系统

1. 主要结构

由两组晶闸管变流器组成的可逆线路,除了流经电动机的负载电流之外,还可能产生不流经负载而只流经两组晶闸管变流器的电流。这种电流称为环流,如图 4-11 所示。

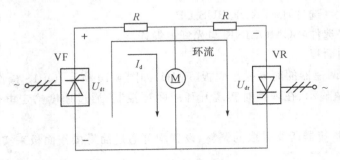

图 4-11   V-M 系统中的环流

环流的出现对系统主要有两方面影响:一方面,环流的存在会显著地增加晶闸管和变压器的负担,增加无功损耗,环流太大时甚至会导致晶闸管损坏,因此必须加以抑制;另一方面,通过适当的控制,可以利用环流作为晶闸管的基本负载电流,当电动机空载或轻载时,由于环流的存在而使晶闸管装置继续工作在电流连续区,避免了电流断续引起的非线性对系统动、稳态性能的不利影响。环流分为静态环流和动态环流两大类。

所谓静态环流是指晶闸管变流器在某一触发角下稳定工作时系统中所出现的环流。静态环流又可分为直流环流和脉动环流。

当系统工作状态发生变化出现瞬态过程时,由于晶闸管触发相位突然改变所引起的环流,称为动态环流。在可逆系统中,正确处理环流问题是可逆系统的关键。可逆系统正是按着处理环流的方式不同而分为有环流系统和无环流系统两大类。

2.逻辑无环流可逆调速系统

当生产工艺过程对系统过渡特性的平滑性要求不高时,特别是对于大容量的系统,从生产可靠性要求出发,常采用既没有直流环流又没有脉动环流的无环流可逆调速系统。按实现无环流的原理不同,可将无环流系统分为逻辑无环流系统和错位无环流系统两类。

当一组晶闸管工作时,用逻辑电路封锁另一组晶闸管的触发脉冲,使它完全处于阻断状态,确保两组晶闸管不同时工作,从根本上切断环流的通路,这就是逻辑控制的无环流可逆系统。实现无环流的另一种方法是采用触发脉冲相位配合控制的原理,当一组组晶闸管整流时,另一组晶闸管处于待逆变状态,但两组触发脉冲的相位错开较远,因而当待逆变组触发脉冲到来时,它的晶闸管元件却处于反向阻断状态,不可能导通,从而也不可能产生环流,这就是错位控制的无环流可逆系统。

逻辑控制的无环流可逆调速系统(又称为逻辑无环流系统)是目前在生产中应用最为广泛的可逆系统,其原理如图 4-12 所示。

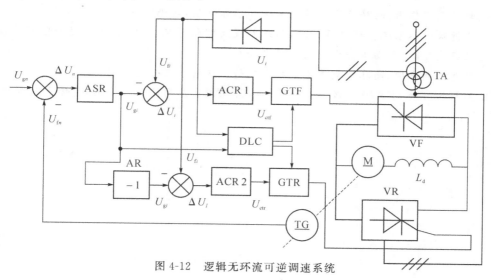

图 4-12　逻辑无环流可逆调速系统

主电路采用两组晶闸管装置反并联线路,由于没有环流,不用再设置环流电抗器,但为了保证稳定运行时电流波形的连续,仍应保留平波电抗器 L_d。控制线路采用典型的转速、电流双闭环系统,只是电流环分设两个电流调节器,IACR 用来控制正组触发装置 GTF,2ACR 控制反组触发装置 GTR,ACR1 的给定信号 U_{gi} 经反号器 AR 作为 ACR2 的给定信号 U_p,这样可使电流反馈信号 U_{fi} 的极性在正、反转时都不必改变,从而可采用不反映极性的电流检测器。由于主电路不设均衡电抗器,一旦出现环流将造成严重的短路事故,所以对工作时的可靠性要求特别高,为此在逻辑无环流系统中设置了无环流逻辑控制器 DLC,这是系统中的关键部件,必须保证其可靠工作。它按照系统的工作状态,指挥系统进行自动切换,或者允许正组发出触发脉冲而封锁反组,或者允许反组发出触发脉冲而封锁正组。

触发脉冲的零位仍整定在 90°,在任何情况下,决不容许两组晶闸管同时开放,确保主电路没有产生环流的可能。

3.逻辑无环流系统的优缺点

逻辑无环流可逆调速系统的优点是:可省去环流电抗器,没有附加的环损耗,从而可节省变压器和晶闸管装置的设备容量。与有环流系统相比,因环流失败而造成的事故率大为降低。其缺点是由于延时造成了电流换向死区,影响系统过渡过程的快速性。由于切换前转速所决定的反电动势一般都小于所对应的最大逆变电压,所以切换后并不能立即实现回馈制动,必须等到角移到逆变电压低于电动机反电动势之后,才能产生制动电流。因此,系统除了有关断延时和开放延时造成的死区时外,还有换流所造成的死时,而且后者有时长达几十甚至一百多毫秒,大大延长了电流换向死区。若想要减小电流切换死区,可采用"有准备切换"逻辑无环流系统。其基本方法是:让待逆变组在切换前等在使逆变组电压与电动机反电动势相适应的位置。当待逆变组投入时,其逆变电压的大小和电机反电动势基本相等,很快就能产生回馈制动。

思考与练习

1.闭环调速系统起动过程的升速过程中,两个调节器各起什么作用?如果认为电流调节器起电流调节作用,而转速调节器因不饱和不起作用,对吗?为什么?

2.分析双闭环系统在稳定运行时,如果电流反馈信号突然断线,系统是否能正常工作。如果电机突然失磁,电动机会出现飞车现象吗?

3.在直流调速中,闭环个数是不是越多越好?环的个数受何限制?

4.查阅西门子 6RA70 全数字直流调速装置在工业应用的工程案例,其优点在哪里?

任务五　变频器接线、面板操作技能训练

任务目标

1. 了解变频器基本知识。
2. 了解变频器基本接线方法。
3. 掌握变频器面板的基本操作方法。
4. 掌握变频器 PU 运行模式。

变频器面板
基本操作

任务描述

　　变频器是应用变频技术制造的一种静止的频率变换器,其功能是利用半导体器件的通断作用将频率固定(通常为 50 Hz)的交流电(三相或单相)变换成频率连续可调(一般为 0~400 Hz)的交流电源。三菱 E700 变频器控制面板外观图如图 5-1 所示。

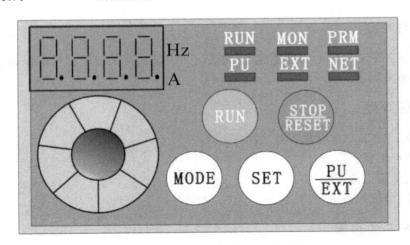

图 5-1　E700 变频器控制面板外观图

1. 按键表示

RUN 键:启动指令键。

MODE 键:模式切换,可用于各设定模式和 PU/EXT 键,同时按下也可以用来切换运行模式。按两次 MODE 键可返回频率监视画面。

SET 键:各设定的确定。运行中按动此键则监视器循环显示:运行频率→输出电流→输出电压。按两次 SET 键可显示下一参数。

PU/EXT 键:运行模式的切换,用于切换 PU/外部运行模式。

STOP/RESET 键:停止运转指令,用于停止运行及出现严重故障时可以进行报警复位。

M 旋钮:在设定模式中旋转,可连续设定参数,用于连续增加和减少相关参数值。

2.单位表示和运行状态表示

Hz:表示显示频率时,灯亮。

A:表示显示电流时,灯亮。

V:表示显示电压时,灯亮。

RUN:变频器动作时亮/闪烁。

MON:监视显示模式时灯亮。

PRM:参数设定模式时灯亮。

PU:PU 操作模式时灯亮。

EXT:外部操作模式时灯亮。

NET:网络运行模式时灯亮。

在了解变频器基本构造的基础上,完成以下任务:

(1)用变频器面板频率调节设置方式完成 30Hz 的变频设定并运行。

(2)用参数设置方式完成将变频器加速时间由工厂设定值改为 10s 并运行。

任务实施

一、预习内容

熟悉本任务中所用到的实训器材,仔细阅读知识链接有关变频器控制原理和面板操作工作流程作相关知识。

二、训练器材

(1)三菱 FR-E700 变频器 1 台。

(2)电动机 1 台。

(3)电工常用工具 1 套。

(4)开关、导线等若干。

三、任务实施步骤

任务(1)操作步骤如下:

①电源接通时显示的监视器画面。

②按键,进入 PU 运行模式,PU 显示灯亮。

③旋转 M 按钮,显示想要设定的频率,闪烁约 5 秒。

④在数值闪烁期间按键设定频率 30Hz。

若不按键,数值闪烁 5 秒后显示将变为"?"。这种情况下请返回"步骤③"重新设定频率。闪烁……频率设定完成!!

⑤闪烁约 3 秒后显示将返回"?"(监视显示),通过键运行。

⑥要变更设定频率,请执行第③、④项操作(从之前设定的频率开始。)

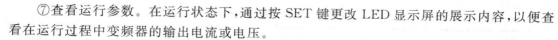
⑦查看运行参数。在运行状态下,通过按 SET 键更改 LED 显示屏的展示内容,以便查看在运行过程中变频器的输出电流或电压。

⑧按键停止。

任务(1)操作步骤流程如图 5-2 所示。

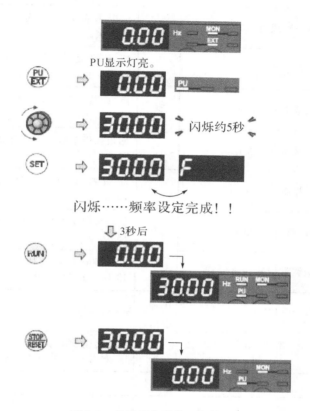

图 5-2　变频器参数设置操作流程

任务(2)操作步骤如下:

①接通电源,显示监示显示画面。

②按 PU /EXT 键选中 PU 操作模式,此时 PU 指示灯亮。

③按 MODE 键进入参数设置模式。

④拨动设定用按钮,选择参数号码,直至监示用三位 LED 显示 P7。

⑤按 SET 键读出现在设定的值(出厂时默认设定值为 5)。

⑥拨动设定用旋转按钮,把当前值增加到 10。

⑦按 SET 键完成设定值。按 RUN 键运行。

⑧按 STOP/RESET 键,停止运行。

任务评价

课题设计能力与模拟调试能力评价标准见表 5-1。

表 5-1　个人技能评分标准

项目	技能要求	配分	评分标准	扣分	得分
接线	1. 接线正确。	20	每遗漏或接错一根线，扣5分。		
	2. 通电一次成功。		通电不成功扣10分，最多通电两次。		
参数设置	1. 变频器复位。	50	变频器复位不正确扣，扣15分。		
	2. 电机基本参数设置。		电机.基本参数设置不正确扣15分。		
	3. 面板操作参数设置。		面板操作参数设置不正确，扣20分。		
运行调试	1. 面板控制运行、停止。	30	面板控制运行、停止，扣10分。		
	2. 面板调整运行频率。		面板调整运行频率不正确，扣15分。		
	3. 面板调整旋转方向。		变频调速优点及控制方法叙述不正确，扣15分。		
安全操作	1. 工具、元件完好。	从总分中扣5～10分	有损坏，扣5～10分。		
	2. 安全、规范操作无事故发生。		违反安全操作规定，扣5～10分，发生事故，本课题0分。		
总　　分					
额定时间120分钟	开始时间		结束时间	考评员签字年　　月　　日	

知识链接

一、变频器简介

变频技术是应交流电动机无级调速的需要而产生的。变频器是通过对电力半导体器件的通断控制将电压和频率固定不变的交流电(工频)电源变换为电压或频率可变的交流电的电能控制装置。对于交—直—交型的变频器来说，为了产生可变的电压和频率，首先要把工频50Hz的交流电源变换成直流电(DC)，再转换成各种频率的交流电，最终实现对电机的调速运行。变频器中逆变部分是使用电力电子器件。从20世纪60年代开始，电力电子器件经历了 SCR(晶闸管)、GTO(门极可关断晶闸管)、BJT(双极型功率晶体管)、MOSFET(金属氧化物场效应管)、SIT(静电感应晶体管)、SITH(静电感应晶闸管)、MGT(MOS控件晶体管)、MCT(MOS控制晶闸管)、IGBT(绝缘栅双极型晶体管)、HVIGBT(耐高压绝缘栅双极型晶闸管)的发展过程,电力电子器件的更新促进了电力电子变换技术的不断发展。20世纪70年代开始,脉宽调制(PWM)调速研究引起了行业人士的高度重视。到20世纪80年代,作为变频技术核心的PWM模式通过不断地开发得出诸多优化模式,其中以鞍形波VVVF模式效果最佳。20世纪80年代后半期,美、日、德、英等发达国家的VVVF变频器已投入市场并获得广泛应用。变频调速技术是现代电力传动技术重要发展的方向。随着电力技术的发展,交流变频技术从理论到实际逐渐走向成熟。变频器不仅调速平滑、范围大、效率高、启动电流小、运行平稳,而且节能效果明显。因此,交流变频调速越来越广泛地应用于冶金、纺织、印染、烟机生产线及楼宇、供水等领域。变频器的优点如下:

(1)调速范围宽

变频器的调速范围很宽,能适应各种调速设备的要求,很多变频器生产厂家的变频器的频率范围在 0.5～400Hz。

(2)控制精度高

常用的变频器的数字设定分辨率≤±0.01%,模拟设定分辨率≤±0.2%。

(3)动态特性好

常用的低压变频器的逆变多采用快速的自关断器件IGBT,且采用SPWM(脉宽调制)调节控制方式。

(4)控制模式先进

变频器输出的电压和频率受控于变频器的主控板上的CPU,有的还采用双CPU结构,调节速度快,调速系统的动态性能好。

(5)控制功能很强

适合多种不同性质的负载和不同的控制系统,通过端子及转换电路可与各种频率信号接口,如 0～10V、5～20mA 等。还可通过输入端子完成正反转控制、多段速控制等多种操作。

(6)负载能力强

通过合理调整,实现转矩提升、转矩限定功能及电流限定等功能,可满足重转矩(重载)启动。运行中负载变化也不会引起跳闸等事故,变频器的CPU会自动根据设定的参数及检测的信号进行高速计算,使输出转矩满足生产设备的需求。

(7)保护功能很强

变频器有多种保护功能,对过压、欠压、过流、过载、过热均能通过CPU进行高速计算并作出保护,且能对发生故障的原因给予记录。

二、三相异步电动机的变频原理

1.三相交流电机变频原理

三相异步电动机的转速表达式为

$$n = \frac{60 f_1}{p}(1 - s) \tag{5-1}$$

式中:f_1 为异步电动机定子绕组上的交流电源的频率(Hz);p 为异步电动机的磁极对数;s 为异步电动机的转差率;n 为异步电动机的转速(r/min)。

三相异步电动机定子绕组的反电动势 E_1 的表达式为

$$E_1 = 4.44 f_1 N_1 K_{N_1} \Phi_m \tag{5-2}$$

式中：E_1 为气隙磁通在定子每相中感应电动势的有效值（V）；N_1 为每相定子绕组的匝数；K_{N_1} 为与绕组结构有关的常数；$\varPhi_m$ 为电动机每极气隙磁通。

由于 4.44、N_1、K_{N_1} 均为常数，所以定子绕组的反电动势可用下式表示：

$$E_1 \propto f_1 \varPhi_m \tag{5-3}$$

由三相异步电动机的等效电路可知：

$$E_1 = U_1 + \Delta U \tag{5-4}$$

当 E_1 和 f_1 的值较大时，定子的漏阻抗相对比较小，漏阻抗压降 ΔU 可以忽略不计，即可认为电动机的定子电压

$$U_1 \approx E_1 \propto f_1 \varPhi_m \tag{5-5}$$

2. 基频以下恒磁通（恒转矩）变频调速

为维持电动机输出转矩不变，我们希望在调节频率的同时能够维持主磁通 $\varPhi_m$ 不变（即恒磁通控制方式）。

当在额定频率以下调频，即 $f_1 < f_{1N}$ 时，为了保证 $\varPhi_m$ 不变，得

$$\frac{E_1}{f_1} = 常数 \tag{5-6}$$

也就是说在频率 f_1 下调时也同步下调反电动势 E_1，但是由于异步电动机定子绕组中的感应电动势 E_1 无法直接检测和控制，根据，可以通过控制 U_1 达到控制 E_1 的目的，即

$$\frac{U_1}{f_1} = 常数 \tag{5-7}$$

通过以上分析可知：在额定频率以下调频时（$f_1 < f_{1N}$），调频的同时也要调压。将这种调速方法称为变压变频（Variable Voltage Variable Frequency，VVVF）调速控制，也称为恒压频比控制方式。

在低电压的低频区，可以采用电压补偿措施，适当地提高定子绕组电压 U_1，使得 E_1 的值增加，从而保证 $\dfrac{E_1}{f_1}$ 常数。这样一来，主磁通 $\varPhi_m$ 就会基本不变，最终使电动机的输出转矩得到补偿。由于这种方法是通过提高 $\dfrac{U_1}{f_1}$ 的比使电动机的转矩得到补偿的，因此这种方法被称作 $\dfrac{U}{f}$ 控制或电压补偿，也称作转矩提升。定子电源频率 f_1 越低，定子绕组电压补偿越大，带定子压降补偿控制的恒压比控制特性如图 5-3 所示。

恒转矩变频调速

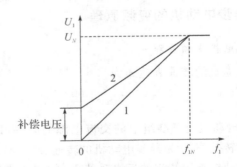

图 5-3　电压补偿示意图

如果电动机在不同转速下具有相同的额定电流,则电动机都能在温升允许的条件下长期运行,保持主磁通 Φ_m 恒定,则电磁转矩 T 恒定,电动机带动负载的能力不变,转速差基本不变,所以调速后的机械特性从 f_{1N} 向下平移,电动机的输出转矩不变,属于恒转矩调速。

3. 基频以上恒功率(恒电压)变频调速

当定子绕组的交流电源频率 f_1 由基频 f_{1N} 向上调节时,若按照等常数的规律控制,电压也必须由额定值 U_{1N} 向上增大,但由于电动机受到额定电压的限制不能再升高,只能保持 $U_1 = U_{1N}$ 不变。因此,当 f_1 上调时,由式(5-3)可知,由于 U_1 不能增加,必然使主磁通 Φ_m 与频率 f_1 成反比地降低,相当于直流电动机弱磁升速的情况;由电机学原理知, Φ_m 的下降将引起电磁转矩 T 的下降。频率越高,主磁通 Φ_m 下降得越多,由于 Φ_m 与电流或转矩成正比,因此,电磁转矩 T 也变小。

恒功率变频调速

需要注意的是,这时的电磁转矩 T 仍应比负载转矩大,否则会出现电动机的堵转。在这种控制方式下,转速越高,转矩越低,但是转速与转矩的乘积(输出功率)基本不变。所以,基频以上调速属于弱磁恒功率调速。

4. 变频调速特性的特点

这里的恒转矩是指在转速的变化过程中,电动机具有输出恒定转矩的能力。调频调速控制特性如图 5-4 所示。

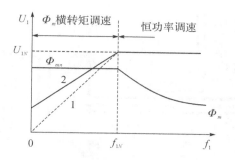

图 5-4　调频调速控制特性

在 $f_1 < f_{1N}$ 的范围内变频调速时,经过补偿后,各条机械特性的临界转矩基本为一定值,因此该区域基本为恒转矩调速区域,适合带恒转矩负载。从另一方面来看,经补偿以后的 $f_1 < f_{1N}$ 调速,可基本认为 $\dfrac{E}{f}$ = 常数,即 Φ_m 不变。由电动机的转矩公式知:在负载不变的情况下,电动机输出的电磁转矩基本为一定值。

这里的恒功率是指在转速的变化过程中,电动机具有输出恒定功率的能力,在 $f_1 > f_{1N}$ 下,频率越高,主磁通 Φ_m 必然相应下降,电磁转矩 T 也越小,而电动机的功率 $P = T\downarrow \times \omega\uparrow$ = 常数,因此, $f_1 > f_{1N}$ 时,电动机具有恒功率的调速特性,适合带恒功率负载。

三、变频器接线

现在国内外已有众多生产厂家定型生产多个系列的变频器,基本使用方法和提供的基本功能大同小异。现以三菱 E700 为例,介绍变频器的基本应用知识和功能。

三菱 E700 变频器及周边设备如图 5-5 所示。

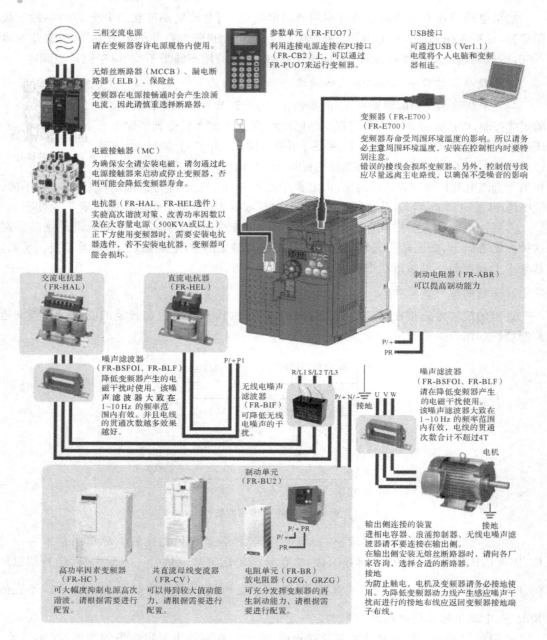

三相交流电源
请在变频器容许电源规格内使用。

参数单元（FR-FUO7）
利用连接电源连接在PU接口（FR-CB2）上，可以通过FR-PUO7来运行变频器。

USB接口
可通过USB（Ver1.1）电缆将个人电脑和变频器相连。

无熔丝断路器（MCCB）、漏电断路器（ELB）、保险丝
变频器在电源接畅通时会产生浪涌电流，因此请慎重选择断路器。

变频器（FR-E700）
（FR-E700）
变频器寿命受周围环境温度的影响。所以请务必主意周围环境温度，安装在控制柜内时要特别注意。
错误的接线会损坏变频器。另外，控制信号线应尽量远离主电路线，以确保不受噪音的影响

电磁接触器（MC）
为确保安全请安装电磁，请勿通过此电源接触器来启动或停止变频器，否则可能会降低变频器寿命。

电抗器（FR-HAL、FR-HEL选件）
实验高次谐波对策、改善功率因数以及在大容量电源（500KVA或以上）正上方使用变频器时，需要安装电抗器选件，若不安装电抗器，变频器可能会损坏。

交流电抗器（FR-HAL）

直流电抗器（FR-HEL）

制动电阻器（FR-ABR）
可以提高制动能力

噪声滤波器（FR-BSFOI、FR-BLF）
降低变频器产生的电磁干扰时使用。该噪声滤波器大致在1～10 Hz的频率范围内有效。并且电线的贯通次数越多效果越好。

P/+P1

R/L1 S/L2 T/L3

无线电噪声滤波器（FR-BIF）
可降低无线电噪声的干扰。

P/+N/－ U V W
接地

噪声滤波器（FR-BSFOI、FR-BLF）
请在降低变频器产生的电磁干扰使用。该噪声滤波器大致在1～10 Hz的频率范围内有效，电线的贯通次数合计不超过4T

P/+
PR

电机

制动单元（FR-BU2）

高功率因素变频器（FR-HC）
可大幅度抑制电源高次谐波。请根据需要进行配置。

共直流母线变流器（FR-CV）
可以得到较大值动能力，请根据需要进行配置。

电阻单元（FR-BR）
放电电阻（GZG、GRZG）
可充分发挥变频器的再生制动能力，请根据需要进行配置。

P/+ PR

P/+
PR

输出侧连接的装置
进相电容器、浪涌抑制器、无线电噪声滤波器请不要连接在输出侧。
在输出侧安装无熔丝断路器时，请向各厂家咨询，选择合适的断路器。

接地
为防止触电，电机及变频器请务必接地使用。为降低变频器动力线产生感应噪声干扰而进行的接地布线应返回变频器接地端子布线。

接地

图 5-5　三菱 E700 变频器及周边设备

1.主电路接线端

三菱 E-700 变频器主电路的接线端如图 5-6 所示。

（1）输入端，即交流电源输入，其标志为 R/L1、S/L2、R/L3，接工频电源。

（2）输出端，即变频器输出，其标志为 U、V、W,接三相鼠笼异步电动机。

（3）直流电抗器接线端。将直流电抗器接至 P/+ 与 P1 之间可以改善功率因数。需接电抗器时应将短路片拆除。对于 55kW 以下的产品请拆下端子 P/+ 与 P1 间的短路片，连

接上 DC 电抗器。

（4）制动电阻和制动单元接线端。出厂时 PR 与 PX 之间有一短路片相连，内置的制动器回路为有效。制动电阻器接至 P／＋与 PR 之间，而 P／＋与 N／－间连接制动单元或高功率因数整流器。22kW 以下的产品通过连接制动电阻，可以得到更大的再生制动力。

（5）接地端，其标志为 （变频器外壳接地用，必须接大地）。

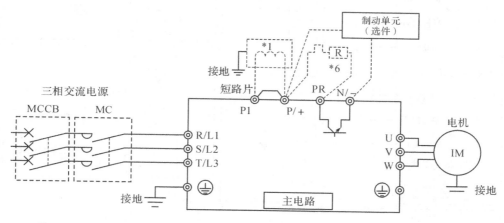

图 5-6　主电路接线端

2.主电路接线注意事项

（1）电源一定不能接到变频器的输出端上（U、V、W），否则将损坏变频器。

（2）接线后，零碎线头必须清除干净，零碎线头可能造成设备运行时异常、失灵和故障，且始终保持变频器清洁。在控制台上打孔时，请注意不要使碎片粉末等进入变频器中。

（3）为使电压下降在 2％以内，请用适当型号的电线接线。

（4）布线距离最长为 500m。尤其当长距离布线时，由于布线寄生电容所产生的冲击电流，可能会引起过电流保护误动作，输出侧连接的设备可能运行异常或发生故障。因此，最大布线距离必须在规定范围内（当变频器连接两台以上电动机时，总布线距离必须在要求范围以内）。

（5）在 P／＋和 PR 端子间建议连接厂家提供的制动电阻选件，端子间原来的短路片必须拆下。

（6）电磁源干扰。变频器输入/输出（主回路）包含谐波成分，可能干扰变频器附近的通信设备。因此，应安装选件无线电噪声滤波器 FR-BIF（仅用于输入侧）、FR-BSF01 或 FR-BOF 线路噪声滤波器，使干扰降至最小。

（7）不要把电力电容器、浪涌抑制器和无线电噪声滤波器（FR-BIF 选件）安装在变频器输出侧，因为这将导致变频器故障或电容和浪涌抑制器的损坏。如果上述任何一种设备已安装，请立即拆掉。

（8）运行后如果要改变接线的操作，必须在电源切断后 10min 以上，并用万用表检查电压后进行，因为断电一段时间内，电容上仍然有危险的高压电。

3.控制电路接线端

三菱 FR-E700 变频器控制电路接线端如图 5-7 所示。

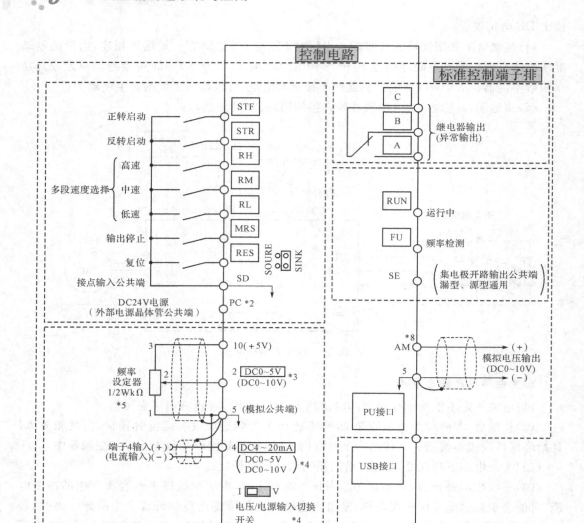

图 5-7　变频器控制电路接线图

(1)外接频率给定端。变频器为外接频率给定提供+5V电源(正端为端子10,负端输入端分别为端子2(电压信号)、端子4(电流信号)。输入分别DC0~5V 或 0~10V,4~20mA 时,在 5V、10V、20mA 时为最大输出频率,输入输出成比例变化。端子1为辅助频率端,输入DC0~±5V 或 DC0~±10V 时,端子2或4的频率设定信号与这个信号相加。

(2)输入控制端。STF 为正转控制端。STF 信号处于"ON"为正转,处于"OFF"为停止。STR 为反转控制端。STR 信号"ON"为逆转,"OFF"为停止。

注意:STF、STR 信号同时为"ON"时变成停止指令。STF 和 STR 可以点动运行,也可作为脉冲列输入端子使用。

RH、RM、RL 为多段速度选择端,通过三端状态的组合实现多挡转速控制。

MRS 为输出停止端。MRS 信号为"ON"(20ms 以上)时,变频器输出停止。用电磁制动停止电机时用于断开变频器的输出。

RES 为复位控制端,复位用于解除保护同路动作的保持状态。使端子 RES 信号处于"ON"在 0.1s 以上,然后断开。

(3)故障信号输出端由端子 A、B、C 组成,为继电器输出,可接至 AC 220V 电路中。指示变频器内保护功能动作时输出停止的转换接点。故障时,B-C 间不导通(A-C 间导通);正常时,B-C 间导通(A-C 间不导通)。

(4)运行状态信号输出端。E700 系列变频器配置了一些可表示运行状态的信号输出端,为晶体管输出,只能接至 30V 以下的直流电路中。运行状态信号有:

1)运行信号 RUN。变频器输出频率为启动频率以上时为低电平,正在停止或正在直流制动时为高电平。

2)频率检测信号 FU。当变频器的输出频率为任意设定的检测频率以上时为低电平,未达到时为高电平。

(5)测量输出端。可以从多种监示项中选一种作为输出。输出信号与监示项目的大小成比例。

AM 为模拟电压输出,接至 0~10V 电压表。

(6)通信 PU 接口。PU 接口用于连接操作面板 E700 与 RS-485 通信。

控制回路端子接线注意事项说明如下:

1)端子 SD、SE 和 5 为 I/O 信号的公共端子,相互隔离。请不要将这些公共端子互相连接或接地。在布线时应避免端子 SD-5、端子 SE-5 互相连接的布线方式。

2)控制回路端子的接线应使用屏蔽线或双绞线,而且必须与主回路、强电回路(含 200V 继电器控制回路)分开布线。

3)由于控制回路的频率输入信号是微小电流,所以在接点输入的场合,为了防止接触不不良,微小信号接点应使用两个并联的接点或使用双生接点。

4)控制回路的输入端子不要接触强电。

5)故障输出端子 A、B、C 上请务必接上继电线圈或指示灯。

6)连接控制电路端子的电线建议使用 0.75mm² 尺寸的电线。若使用 1.25mm² 以上尺寸的电线,在配线数量多时或者由于配线方法不当,会发生表面护盖松动,操作面板接触不良的情况。

7)接线长度不要超过 30m。

4. 功能预置流程

功能预置流程如图 5-8 所示。

(1)运行模式切换

将外部运行模式切换到 PU 模式,并进行 PU 点动运行模式设置。显示屏显示为 JOG 表示 PU 点动运行模式。当运行模式为外部运行模式时不能进行点动设置。

(2)监视输出电流和输出电压

1)接通电源,显示监视画面;

2)按"PU/EXT"键切换到 PU 操作模式;

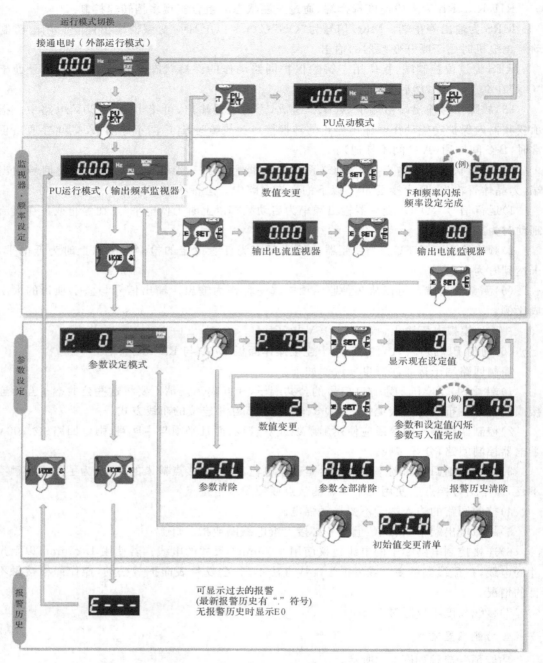

图 5-8　变频器功能预置流程图

3）按"SET"键，显示输出电流监视器；

4）再按"SET"键，显示输出电压监视器；

5）再次按"SET"键，显示输出频率监视器。

（3）参数更改

1）电源接通时显示监视模式；

2）按"PU/EXT"键,进入 PU 模式;

3）按"MODE"键,进入参数设置模式;

4）旋转"M"键,找到要改变的参数;

5）按"SET"键,读取当前设定值;

6）旋转 M 按钮,改变设定值;

7）按"SET"键设定。

(5)参数清除、全部清除的设定

1）接通电源,显示监视画面;

2）按"PU/EXT"键切换到 PU 操作模式;

3）按"MODE"键进入参数设定模式;

4）旋转旋钮,将参数编号设定为 Pr.CL(ALL C);

5）按"SET"键,读取当前的设定值。显示"0";

6）旋转旋钮,将值设定为"1";

7）按"SET"键确定。闪烁……参数设定完。

注意:参数清除,全部清除,仅在 PU 运行模式下进行。

(6)错误代码说明

Er1——禁止写入错误。

Er2——运行中写入错误。

Er3——校正错误。

Er4——模式指定错误。

思考与练习

1.设定频率时,有时会出现不能在设定的频率下运行,为什么？找出问题并加以解决。

2.如何在运行中写入各个参数？

3.在基频以下调速时,为什么要保持 U/f 为恒值？描绘三相异步电动机基频以下变频调速的机械特性曲线,并说明其特点。

任务六　变频器多速段操作训练

任务目标

1. 了解变频器多段速端子的作用。
2. 熟悉变频器多段调速的参数设置和外部端子接线。
3. 了解 PLC 和变频器综合控制的一般方法。
4. 能用 PLC 控制变频器的多段速端子实现调速。

任务描述

任务一　变频器的开关量多段调速

经过变频器面板基本操作课题的学习,我们应该对变频器有了初步的认识,同时应该能达到熟练的对变频器进行参数设置。本课题进一步学习掌握变频器的操作技能,通过开关控制变频器,实现电动机的多段调速。

任务要求:

1. 某生产机械在运行过程中要求按 10Hz、25Hz、45Hz、65Hz 的速度运行,通过外部端子控制电机多段速的运行,对 RH、RM、RL 的开关信号进行控制,可选择 4 段速度。

2. 变频器加速:(0→10→25→45→65),加速上升时间为 2s。变频器减速:(65→45→35→25→10→0),减速下降时间也为 2s。

任务二　PLC 控制变频器多段速电路

在任务一中利用变频器的 RH、RM、RL 端子的不同组合可以使变频器选择不同的速度运行。由于端子的组合方式很多,在选择不同速度的过程中很容易出错,并且一种速度需要同时闭合几个端子,不利于控制系统的设计。为了克服这个缺点,可以采用 PLC 控制。

任务要求:

(1) 某生产机械在运行过程中要求按 20Hz、25Hz、30Hz、35Hz、40Hz、45Hz、50Hz 的速度运行,通过外部端子控制电机多段速的运行,对 RH、RM、RL 的开关信号进行控制,可选择 7 段速度。

(2) 变频器加速:(0→20→25→30→35→40→45→50)加速上升时间为 2s。变频器减速:(50→45→40→35→30→25→20→0)减速下降时间为 2s。

(3) 用 PLC 与变频器的控制方式来实现控制。

任务实施

一、预习内容

熟悉本任务中所用到的实训器材,仔细阅读知识链接有关变频器模式控制与速度控制等相关知识和工作原理。

二、训练器材

(1)三菱 FR-E700 变频器 1 台。

(2)三菱 FX$_{2N}$-32MR PLC 1 台。

(3)电动机 1 台。

(4)电工常用工具 1 套。

(5)开关、导线等若干。

三、任务实施步骤

(一)任务一实施步骤

1.设置变频器参数

设置：

Pr.79＝2(外部模式);

Pr.7＝2s(加速时间);

Pr.8＝2s(减速时间);

Pr.4＝10Hz;Pr.5＝25Hz;Pr.6＝45Hz;Pr.24＝65Hz(多速段频率)。

变频参数设定

2.控制电路连接

变频器控制连接电路如图 6-1 所示。

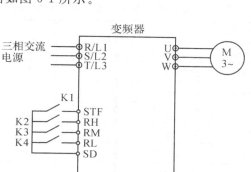

图 6-1　多速度运行接线图

3.模拟调试

在表 6-1 中,ON 表示开关闭合,OFF 表示开关断开。将开关一直闭合,按次序操作 K2、K3 和 K4 开关。在面板上观察运转速度,并将结果填入表 6-1 中,分析调试结果正确与否。

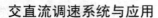

表 6-1　信号组合与工作频率(速度)表

参数	(K2)RH	(K3)RM	(K4)RL	频率设定	输出频率值
Pr.4	ON	OFF	OFF	10	
Pr.5	OFF	ON	OFF	25	
Pr.6	OFF	OFF	ON	45	
Pr.24	OFF	ON	ON	65	

(二)任务二实施步骤

1.任务分析

用按钮 SB 控制变频器的电源接通或断开(即 KM 吸合或断开),用 SB1 控制变频器的启动和停止(即 STF 端子闭合与否),这里每组的启动和停止都只用一个按钮,可利用 PLC 中的 ALT(交替)指令实现单按钮启停控制。SA1~SA7 是速度选择开关,此种开关保证这 7 个输入中不可能两个同时为"ON"。PLC 的输出 Y0 接变频器的正转端子 STF,控制变频器的启动和停止。PLC 的输出 Y1、Y2、Y3 分别接转速选择端子 RH、RM、RL,通过 PLC 的程序实现三个端子的不同组合,从而使变频器选择不同的速度运行。

2.变频器参数设置

设置:

Pr.79＝2;Pr.7＝2s;Pr.8＝2s。

Pr.4＝20Hz;Pr.5＝25Hz;Pr.6＝30Hz。

Pr.24＝35Hz;Pr.25＝40Hz;Pr.26＝45Hz;Pr.27＝50Hz。

3.变频器—PLC控制设计

(1)I/O分配

PLC 的输入/输出端口分配和控制变频器端子如表 6-2 所示。

表 6-2　变频器多速段 PLC 控制 I/O 分配表

开关量输入信号				开关量输入信号			
序号	地址	代号	作用	序号	地址	代号	作用
1	X0	SB	控制电源	1	Y0	STF	正转控制
2	X1	SA1	第一速度	2	Y1	RH	调速控制1
3	X2	SA2	第二速度	3	Y2	RM	调速控制2
4	X3	SA3	第三速度	4	Y3	RL	调速控制3
5	X4	SA4	第四速度	5	Y4	KM	电源
6	X5	SA5	第五速度				
7	X6	SA6	第六速度				
8	X7	SA7	第七速度				
9	X10	SB1	变频器控制				

（2）变频器与PLC连接如图6-2所示。

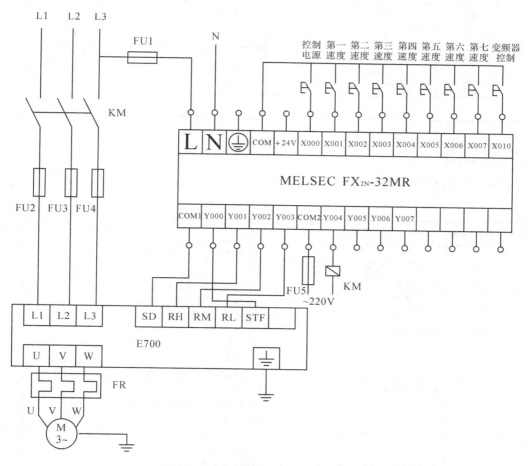

图6-2　PLC控制的变频器多段速电路

（3）PLC程序设计

变频器多速段PLC程序请同学自行设计。

4.模拟调试

在表6-3中，ON表示开关闭合，OFF表示开关断开。将开关一直闭合，按次序操作SA1、SA2、…、SA7开关，在面板上观察运转速度，并将结果填入表6-3中，分析调试结果正确与否。

表6-3　信号组合与工作频率（速度）表

参数	（Y1）RH	（Y2）RM	（Y3）RL	频率设定	输出频率值
Pr.4	ON	OFF	OFF	20	
Pr.5	OFF	ON	OFF	25	
Pr.6	OFF	OFF	ON	30	
Pr.24	OFF	ON	ON	35	

续表

参数	(Y1)RH	(Y2)RM	(Y3)RL	频率设定	输出频率值
Pr. 25	ON	OFF	ON	40	
Pr. 26	ON	ON	OFF	45	
Pr. 27	ON	ON	ON	50	

任务评价

课题设计与模拟调试能力评价标准见表6-4。

表6-4 个人技能评分标准

序号	主要内容	考核要求	评分标准	配分	扣分	得分
1	变频器电路设计	1.根据要就进行变频器主电路设计。 2.根据课题需要正确设置变频器相关。	1.主电路功能不完整或不规范扣5～10分。 2.主电路不会设计扣20分。 3.不能正确设置变频器参数,每个参数扣3分。	20		
2	程序输入	1.指令输入熟练正确。 2.程序编辑、传输方法正确。	1.指令输入方法不正确,每提醒一次扣5分。 2.程序编辑方法不正确,每提醒一次扣5分。 3.传输方法不正确,每提醒一次扣5分。	15		
3	系统模拟调试	1.变频器—PLC外部模拟接线符合功能要求。 2.调试方法合理正确。 3.正确处理调试过程中出现故障。	1.错、漏接线,每处扣5分。 2.调试不熟练,扣5～10分。 3.调试过程原理不清楚,扣5～10分。 4.带电插拔导线,扣5～10分。 5.不能根据故障现象正确采取相应处理方法扣5～20分。	25		
4	通电试车	系统成功调试	1.一次试车不成功扣20分。 2.二次试车不成功扣30分。 3.三次试车不成功扣40分。	40		
5	安全生产	1.正确遵守安全用电规则,不得损坏电器设备或元件。 2.调试完毕后整理好工位。	1.违反安全文明生产规程、损坏电器元件扣5～40分。 2.操作完成后工位乱或不整理扣10分。	倒扣		
备注	各项内容最高分不得超过额定配分		合计	100		
额定时间120分钟	开始时间		结束时间	考评员签字	年　月　日	

知识链接

一、变频器运行操作模式

变频器运行操作模式是指输入变频器的启动指令及设定频率的场所,变频器常用的操作模式有"PU 操作模式"、"外部操作模式"、"组合操作模式"、"程序运行模式"和"计算机通信模式"等。模式的选择应根据生产过程的控制要求和生产作业现场条件等因素确定,达到既满足控制要求,又能够与人为本的目的。

三菱变频器操作模式的选择用"运行操作模式选择"参数 P79 进行设定,其运行操作模式通常有 9 种,现选取常用的 6 种加以介绍。

1. PU 运行操作模式

PU 操作模式主要通过变频器的面板设定变频器的运行频率、起动指令、监示操作命令、显示参数等。这种模式不需要外接其他的操作控制信号,可直接在变频器的面板上进行操作。操作面板也可以从变频器上取下来,通过 FR-CB2 选件或通过 RJ45 接口和符合 EIA568 的电缆连接进行远距离操作。

采用 PU 操作模式时,可通过设定"运行操作模式选择"参数 Pr.79＝1 或 0 来实现。

2. 外部运行操作模式

外部操作模式通常为出厂设定。这种模式通过外接的起动开关、频率设定电位器等产生外部操作信号,控制变频器的运行。外部频率设定信号为 0～5V、0～10V 或 4～20mA 的直流信号。起动开关与变频器的正转起动 STF 端/反转起动 STR 端连接,频率设定电位器与变频器的 10、2、5 端相连接,外部控制操作的基本电路如图 6-3 所示。采用外部操作模式时,可通过设定"运行操作模式选择"参数 Pr.79＝2 或 0 来实现。

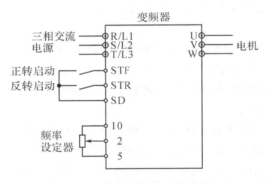

图 6-3　外部操作模式接线图

3. 组合运行操作模式

PU 和外部操作模式可以进行组合操作,此时 Pr.79＝3 或 4,采用下列两种方法中的一种:

(1)Pr.79＝3,起动信号用外部信号设定(通过 STF 或 STR 端子设定),频率信号用 PU 模式操作设定或通过多段速端子 RH、RM、RL 设定。

(2)Pr.79＝4,起动信号用 PU 键盘设定,频率信号用外部频率设定电位器或多段速选择端子 RH、RM、RL 进行设定。

4. 程序运行操作模式

有些变频器可以进行程序控制的设定,各种程序段的运行时间由变频器内部的定时器根据用户预置的参数计时决定。选择程序模式时,必须设定 Pr. 79＝5,并且要对每一个程序部进行下列设定:

(1)工作方式,包括正转、反转、停止、本程序步结束后应转入的程序步的步号等。

(2)工作频率。

(3)工作时间。

5. 计算机通信模式

通过 RS485 接口和通信电缆可以将变频器的 PU 接口与 PLC、ASIC、RISC 和工业用计算机(PC)等数字化控制器进行连接,实现先进的数字化控制、现场总线系统等。这个领域有着广阔的应用和开发前景。

当计算机(通常称为上位机)的通信接口为 RS232C 时,应该加接一个 RS485 与 RS232C 的转换器,例如 RC-55A。

计算机通信模式可以通过设定参数 Pr. 79＝6 来实现,这时不仅可以进行数字化控制器与变频器的通信操作,还可以进行计算机通信操作与其他操作模式的相互切换。

二、变频器的常用功能解析

1. 频率给定的方式

(1)给定方式的基本含义

要调节变频器的输出频率,必须首先向变频器提供改变频率的信号,这个信号称为频率给定信号,也有称为频率指令信号或频率参考信号的。所谓给定方式,就是调节变频器输出频率的具体方法,也就是提供给定信号的方式。

(2)面板给定方式

通过面板上的键盘或电位器进行频率给定(即调节频率)的方式,称为面板给定方式。面板给定有键盘给定和电位器给定两种方式。

采用键盘给定方式时频率的大小通过键盘上的上升键和下降键来进行给定。键盘给定属于数字量给定,精度较高。

采用电位器给定方式时部分变频器在面板上设置了电位器。频率大小也可以通过电位器来调节。电位器给定属于模拟量给定,精度稍低。

若变频器在面板上无电位器,说明书中所说的"面板给定"实际就是键盘给定。变频器的面板通常可以取下,通过延长线安置在用户操作方便的地方。

此外,采用哪一种给定方式,须通过功能预置来事先决定。

(3)外部给定方式

从外接输入端子输入频率给定信号,来调节变频器输出频率的大小,称为外部给定或远控给定。主要的外部给定方式有:

1)外接模拟量给定

通过外接给定端子从变频器外部输入模拟量信号(电压或电流)进行给定,并通过调节给定信号的大小来实现。

2）外接数字量给定

通过外接开关量端子输入开关信号进行给定。

3）外接脉冲给定

通过外接端子输入脉冲序列进行给定。

4）通讯给定

由 PLC 或计算机通过通讯接口进行频率给定。

2．选择给定方式的一般原则

（1）优先选择面板给定

因为变频器的操作面板包括键盘和显示屏，而显示屏的显示功能十分齐全，例如，可显示运行过程中的各种参数以及故障代码等。

但由于受连接线长度的限制，控制面板与变频器之间的距离不能过长。

（2）优先选择数字量给定

这是因为：

1）数字量给定时频率精度较高；

2）数字量给定通常用触点操作，非但不易损坏，且抗干扰能力强。

（3）优先选择电流信号

因为电流信号在传输过程中，不受线路电压降、接触电阻及其压降、杂散的热电效应以及感应噪声等的影响，抗干扰能力较强。

但由于电流信号电路比较复杂，故在距离不远的情况下，仍以选用电压给定方式居多。

3．频率给定的其他功能

（1）频率指令的保持功能

变频器在停机后，是否保持停机前的运行频率的选择功能。再开机时，变频器的运行频率有两种状态可供选择：一是保持功能无效，即运行频率为 0Hz，如要回复到原来的工作频率，须重新加速；二是保持功能有效，即运行频率自动上升到停机前的工作频率。

（2）点动频率功能

点动是各类机械在调试过程中经常使用的操作方式。因为主要用于调试，故所需频率较低，一般也不需要调节。所以，点动频率是通过功能预置来确定的。有的变频器也可以预置多挡点动频率。

（3）频率给定异常时的处理功能

给定信号异常大致有给定信号丢失和给定信号小于最低频率两种情形。

当外接模拟频率给定信号因电路接触不良或断线而丢失时，变频器具有处理方式的选择功能。如是否停机？如果继续运行，则在多大频率下运行？等等。

有的负载在频率很低时实际上不能运行，因而需要预置“最低频率”。对应地，也就有一个最小给定信号。当实际给定信号小于最小给定信号时，应视为异常状态，变频器应具有处理功能。

4．工作频率功能设置

（1）基本频率

与变频器的最大输出电压对应的频率称为基本频率。在大多数情况下，基本频率等于电动机的额定频率,当变频器的输出电压等于额定电压时的最小输出频率,称为基本频率,用来作为调节频率的基准。基本频率的参数号是 Pr.3,设定范围是 $0\sim400\mathrm{Hz}$,出厂设定值为 $50\mathrm{Hz}$。

(2)最大频率

最大频率指当频率给定信号为最大值时,变频器的给定频率。

(3)上、下限频率

生产机械根据工艺过程的实际需要,常常要求对转速范围进行限制。

根据生产机械所要求的最高与最低转速,以及电动机与生产机械之间的传动比,可以推算出相对应的频率,分别称为变频器的上限频率与下限频率。

当上限频率小于最高频率时,上限频率比最高频率优先。

这是因为,上限频率是根据生产机械的要求来决定的,所以具有优先权。

变频器在运行前必须设定其上限频率和下限频率,用 Pr.1 设定输出频率的上限,如果频率设定值高于此设定值,则输出频率被钳位在上限频率;用 Pr.2 设定输出频率的下限频率,若频率设定值低于此设定值,则输出频率被钳位在下限频率。

(4)回避频率

任何机械在运转过程中都或多或少会产生振动。每台机器又都有一个固有振荡频率,它取决于机械的结构。如果生产机械运行在某一转速下时所引起的振动频率和机械的固有振荡频率相吻合,则机械的振动将因发生谐振而变得十分强烈(也称为机械共振),并可能导致机械损坏的严重后果。设置回避频率的目的,就是使拖动系统"回避"掉可能引起谐振的转速。

大多数变频器都可以预置三个回避频率,用 Pr.31、Pr.32;Pr.33、Pr.34;Pr.35、Pr.36 可设置三组回避频率。

(5)点动频率

生产机械在调试过程中,常常需要点动,以便观察各部位运转状况,变频器可根据生产机械特点和要求,预先设定一个"点动频率",每次点动都在该频率下运行,而不必变更已经设定好的频率。"点动频率"用 Pr.15(点动频率)、Pr.16(点动加减速时间)、Pr.20(点动基准频率)进行设置。

5. 变频器加减速功能

(1)基本概念

电动机从较低转速升至较高转速的过程称为加速过程,加速过程的极限状态便是电动机的起动。加速时间是变频器输出频率从 $0\mathrm{Hz}$ 上升到基本频率所需要的时间,减速时间是变频器输出频率从基本频率下降到 $0\mathrm{Hz}$ 所需要的时间。加速时间用 Pr.7、减速时间用 Pr.8 进行设置。Pr.44、Pr.45 为变频器第二加减速时间设置参数。加减速时间参数设置如图 6-4 所示。

设定升速时间基本原则是:在电动机的起动电流不超过允许值的前提下,尽可能地缩短升速时间。影响加速过程的最主要的因素是拖动系统的惯性。系统的惯性大,难以加速,则升速时间应长一些。准确计算拖动系统的升速时间是比较麻烦的。在一般调试时,可先把升速时间设定得长一些,观察起动过程中电流的大小,如果起动电流不大,再逐渐减小升速时间。

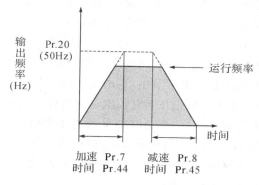

图 6-4　加减速时间

（2）加减速方式

加速过程中,变频器输出频率随时间上升的关系曲线,称为加速方式。

6. 多段速控制端子的功能

在变频器的外接输入控制端子中,通过功能预置,可以将若干个(通常为 2~4)输入端作为多段速(3~16 挡)控制端。其转速的切换由外接的开关器件通过改变输入端子的状态及其组合来实现,转速的挡次是按二进制的顺序排列的,故两个输入端可以组合成 3 或 4 挡转速,三个输入端可以组合成 7 或 8 挡转速,四个输入端可以组合成 15 或 16 挡转速。

用参数将多种运行频率(速度)预先设定,用输入端子的不同组合进行速度选择。其中 Pr.4、Pr.5、Pr.6 用来设定高、中、低三段速度,参数 Pr.24、Pr.25、Pr.26 用来设定 4~7 段速度,参数 Pr.232-Pr.239 用来设定 8~15 段速度。7 速段控制如图 6-5 所示。

端子控制

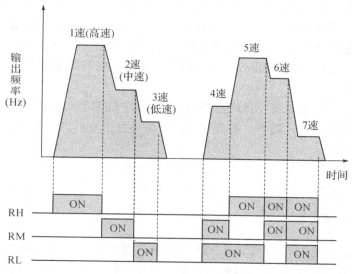

图 6-5　多段速运行图

7. 起动前直流制动功能

起动前先在电动机的定子绕组内通入直流电流,以保证电动机在零速的状态下开始起动。如果电动机在起动前拖动系统的转速不为零,而变频器的输出频率(从而同步转速 n_0)从 0Hz 开始上升,则在起动瞬间,电动机或处于强烈的再生制动状态(起动前为正转时),或处于反接制动状态(起动前为反转时),容易引起电动机的过电流。例如:拖动系统以自由制动的方式停机,在尚未停住前又重新起动;风机在停机状态下,叶片由于自然通风而自行转动(通常是反转)。为了避免上述情况的发生,有的变频器设置了起动前的直流制动功能,这一是用于准确停车控制;二是用于制止在起动前电动机由外因引起的不规则自由旋转。

用 Pr.10 设定直流制动起始频率,减速时如果到达此频率,直流制动将开始工作。Pr.10 =9999 时,电动机减速到 Pr.13 起动频率设定值时,转为直流制动。

Pr.11 设定直流制动的时间。如果 Pr.11=0s,直流制动不动作。设定 Pr.11=8888 时,则当 X13 信号为"ON"时,直流制动动作。

用 Pr.12 设定电源电压的百分数。如果 Pr.12 =0%,直流制动不工作。

8. 输出端子及其应用

变频器除了用输入控制端接受各种输入控制信号外,还可以用输出控制端输出与自己的工作状态相关的信号。输出控制端子有跳闸报警输出端(开关量)、测量信号输出端(模拟量或脉冲)以及可编程输出端等几种类型。

(1)跳闸报警输出

当变频器因发生故障而跳闸时,发出跳闸报警信号。

报警输出的控制端子是专用的,不能再作其他用途。所以,跳闸报警输出端子不需要进行功能预置。

所有变频器的报警输出都是继电器输出,可直接接至交流 250V 电路中,触点容量大多为 1A,也有大至 3A 的。大多数变频器的报警输出端都配置一对触点(一常开、一常闭)。

应用示例:动断(常闭)触点串联在接触器线圈电路内;动合(常开)触点则串联在报警电路内。变频器的通电由接触器控制,当变频器跳闸时:一方面,动断(常闭)触点断开,线圈失电,其触点断开,使变频器切断电源;另一方面,动合(常开)触点闭合,进行声光报警。在配置声光报警的情况下,须注意将变频器控制电源的接线端接至接触器主触点的前面。

(2)测量信号输出端

变频器的运行参数(频率、电流等)可以通过外接仪表来进行测量,为此,专门配置了为外接仪表提供测量信号的外接输出端子。需要预置的相关功能主要有以下几个方面:

1)测量内容的选择功能

变频器的外接测量输出端子通常有两个,用于测量频率和电流。但除此以外,还可以通过功能预置测量其他运行数据,如电压、转矩、负荷率、功率,以及 PID 控制时的目标值和反馈值等。

2)输出信号的类别

(a)电压信号,输出信号范围有 0～1V、0～5V、0～10V 等几种。多数变频器直接由模拟量给出信号电压的大小,但也有的变频器输出的是占空比与信号电压成正比的脉冲序列。

(b)电流信号,其量程主要是 0～20mA、4～20mA 两种,但也有量程为 0～1mA 的。

(c)脉冲信号,输出信号为与被测量成比例的脉冲信号,脉冲高度(电压)通常为 8～24V,这种输出方式主要用于测量变频器的输出频率。

3）量程的校准功能

因为外接仪表实际上是电压表或毫安表，而被测量是频率、电流或其他物理量，因此，有必要对量程进行校准。校准的方法主要有通过功能预置来校准和通过外接电位器来校准两种。

变频器分类

9. 变频器常用设置参数

三菱 FR-E700 常用参数见表 6-5。

表 6-5 三菱 AR-E700 常用参数一览表

参数号	功能	出厂设定	设定范围	备注
Pr.1	输出频率的上限	120Hz	0～120Hz	
Pr.2	输出频率的下限	0Hz	0～120Hz	
Pr.3	电机的额定频率	50Hz	0～400Hz	
Pr.4	设定 RH 闭合时的频率	50Hz	0～400Hz	
Pr.5	设定 RM 闭合时的频率	30Hz	0～400Hz	
Pr.6	设定 RL 闭合时的频率	10Hz	0～400Hz	
Pr.7	电机加速时间	5s	0～3600s	
Pr.8	减速时间	5s	0～3600s	
Pr.9	设定电机的额定电流	0.01A	0～500A	
Pr.10	直流制动的动作频率	0.01Hz	0～120Hz	
Pr.11	直流制动动作时间	0.5s	0.0～10s	
Pr.12	直流制动电压	4%	0～30%	
Pr.13	启动时频率	0.05Hz	0～60Hz	
Pr.15	点动运行时的频率	5Hz	0～400Hz	
Pr.16	点动运行时的加减速时间	0.5s	0～360s	加减速时间不能分别设定
Pr.20	成为加减速时间基准频率	50Hz	0～400Hz	
Pr.21	加减速时间单位	0	0、1	0 单位:0.1s;1 单位:0.01s
Pr.24	RH、RM、RL 组合频率 4	50Hz	0～400Hz	
Pr.25	RH、RM、RL 组合频率 5	30Hz	0～400Hz	
Pr.26	RH、RM、RL 组合频率 6	10Hz	0～400Hz	
Pr.31	频率跳变 1A	9999	0～400Hz	
Pr.32	频率跳变 1B	9999	0～400Hz	
Pr.33	频率跳变 2A	9999	0～400Hz	
Pr.34	频率跳变 2B	9999	0～400Hz	
Pr.35	频率跳变 3A	9999	0～400Hz	
Pr.36	频率跳变 3B	9999	0～400Hz	

续表

参数号	功能	出厂设定	设定范围	备注
Pr.44	第二加速时间	5s	0～3600s	
Pr.45	第二减速时间	5s	0～3600s	
Pr.73	模拟量输入选择	0	0、1	0：0～10V；1：0～5V
Pr.77	参数写入禁止选择	0	0、1、2	
Pr.79	模式选择	0	0～6	0 PU/EXT 切换 上电为 PU 模式 1 PU 运行模式固定 2 外部运行模式固定 3 外部/PU 组合运行模式1 4 外部/PU 组合运行模式2 5 程序频率设定功能，E700 不具备该功能 6 切换模式
Pr.125	端子2输入增益	50Hz	0～400Hz	最大的频率
Pr.126	端子4输入增益	50Hz	0～400Hz	最大的频率
Pr.24	设定RH闭合时的频率	50Hz	0～400Hz	
Pr.25	设定RM闭合时的频率	30Hz	0～400Hz	
Pr.26	设定RL闭合时的频率	10Hz	0～400Hz	
Pr.232～Pr.239	设定8～15段速	9999	0～400Hz	
Pr.267	端子4输入选择	0	0～2	0：4～20mA 1：端子4输入0～5V 2：端子4输入0～10V

思考与练习

1. 如果给定频率的值小于启动频率，变频器如何输出？

2. 如果给定频率的值大于上限频率值，变频器如何输出？

3. 在 PU 运行模式下预置给定频率为 50Hz，此时多速段控制将如何操作，50Hz 是否起作用？

4. 用 PLC 实现对多速段的控制，相比常规开关接线，优点在哪里？

任务七　变频调速技术在纺纱电气控制中的应用

1. 巩固变频器参数的设定。
2. 学会利用变频器调速技术在电气设备中的综合应用。
3. 掌握高速计数指令应用。
4. 了解变频器基本工作原理。

卷绕方法是化纤长丝生产中的一项关键技术,在分析化纤生产工艺和卷绕运动规律中起到重要作用,为在生产过程中灵活实施提供了依据和手段,对提高化纤装备现代化水平具有实用价值。在纺纱过程中,随着纱线在纱管上的卷绕,纱管直径逐步增粗。为了保证纱线张力均匀,卷绕电动机将逐步降速。纱线机外部构造如图 7-1 所示。

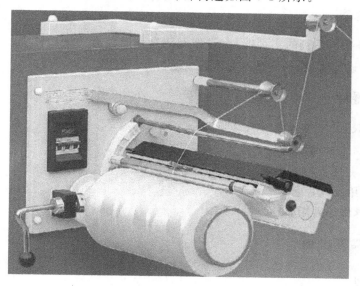

图 7-1　纱线机外部结构图

纱线卷绕到预定长度时停车,将使用霍尔传感器将输出纱线机轴的旋转圈数转换成高速脉冲信号。霍尔传感器与输出纱线机轴的安装示意图如 7-2 所示。

霍尔传感器有三个端子,分别是正极(接 PLC 的 COM 端)、负极(接 PLC 的地)和信号端(接 PLC 的输入端 X0)。当机轴旋转,磁钢经过霍尔传感器时,产生脉冲信号送入 X0。

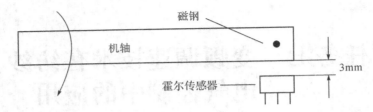

图 7-2　霍尔传感器与输出纱线机轴的安装示意图

由于机轴转速每分钟高达上千转,可使用高速计数器对 X0 的脉冲信号计数,以实现用变频器和对 PLC 对纺纱设备的控制。具体控制要求如下:

(1)为了防止启动时断纱,要求启动过程平稳。

(2)纱线卷绕到预定长度时停车。使用霍尔传感器将输出纱线机轴的旋转圈数转换成高速脉冲信号,送入 PLC 进行计数,达到定长值后自动停车。

(3)在纺纱过程中,随着纱线在纱管上的卷绕,纱管直径逐步增粗。为了保证纱线张力均匀,卷绕电动机将逐步降速。反复接通霍尔开关量端子,模拟机轴产生的脉冲。初始运行频率为 50Hz,每当计数值增加 10 时,变频器的输出频率减 1,电动机的速度逐渐下降。当输出频率下降到 44Hz 时,再接通端子,变频器的输出频率下降为 0,电动机减速停止。

(4)中途停车或停电再次开车,再次启动电机应保持停车前的速度状态。

任务实施

一、预习内容

熟悉本任务中所用到的实训器材,仔细阅读知识链接有关变频器工作原理、PLC 高速计数、霍尔传感器等相关知识和工作原理。

启停控制

二、训练器材

(1)三菱 FR-E700 变频器 1 台。

(2)三菱 FX$_{2N}$-32MR PLC 1 台。

(3)电动机 1 台。

(4)电工常用工具 1 套。

(5)开关、导线等若干。

三、任务实施步骤

1.任务分析

本设计在进行纱线卷绕长度计算时用霍尔传感器完成。反复接通霍尔开关量端子,模拟机轴产生的脉冲,然后通过 PLC 高速计数指令完成信号采集。在本任务调试中,若无霍尔传感器,可用按钮模拟霍尔开关量,PLC 的输出 Y0、Y1、Y2 分别接变频器转速选择端子 RH、RM、RL,通过 PLC 的程序实现三个端子的不同组合,从而使变频器选择不同的速度运行。由于要求中途停车或停电再次开车,应保持停车前的速度状态,因此要采用具有断电保持功能的计数器。

2. 参数设置

变频器多段速运行与 PLC 控制端子的关系见表 7-1。

表 7-1 变频器多段速运行与 PLC 控制端子的关系表

工艺多段速	1	2	3	4	5	6	7
变频器设置的多段速	1	2	6	3	5	4	7
RL-Y2	0	0	0	1	1	1	1
RM-Y1	0	1	1	0	0	1	1
RH-Y0	1	0	1	0	1	0	1
变频器输出频率 Hz	50	49	48	47	46	45	44

Y2～Y0 的变化规律正好符合二进制数的加 1 运算,这样的组合方式使 PLC 控制程序相对简单。变频器多段速运行曲线如图 7-3 所示。

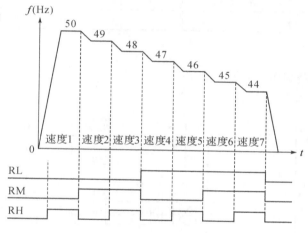

多速段调试

图 7-3 变频器多段速运行曲线

恢复出厂设定值。有关出厂设定值如下:

P1=120,上限频率为 120Hz。

P2=0,下限频率为 0Hz。

P3=50,基准频率为 50Hz。

P7=10,启动加速时间为 10s。

P8=10,停止减速时间为 10s。

P79=2,外部操作模式,EXT 显示点亮。

P9=10,电子过电流保护 10A,等于电动机额定电流。

P4=50,工艺 1 段频率为 50Hz。

P5=49,工艺 2 段频率改为 49Hz。

P6=48,工艺 3 段频率改为 48Hz。

P24=47,工艺 4 段频率改为 47Hz。

P25=45,工艺 6 段频率改为 45Hz。

P26＝46，工艺 5 段频率改为 46 Hz。

P27＝44，工艺 7 段频率改为 44 Hz；

P78＝1，电动机不可以反转。

3. 变频器—PLC 设计

（1）I/O 分配

PLC 的输入/输出端口分配和控制变频器端子见表 7-2。

表 7-2　纱线机变频器—PLC 控制 I/O 分配表

开关量输入信号				开关量输入信号			
序号	地址	代号	作用	序号	地址	代号	作用
1	X0	BO	传感器信号	1	Y0	RH	调速控制 1
2	X1	SB1	启动	2	Y1	RM	调速控制 2
3	X2	SB2	停止	3	Y2	RL	调速控制 3
4	X3	SB3	清零复位	4	Y3	STF	正转控制

（2）变频器电路设计

变频器与 PLC 连接电路如图 7-4 所示。

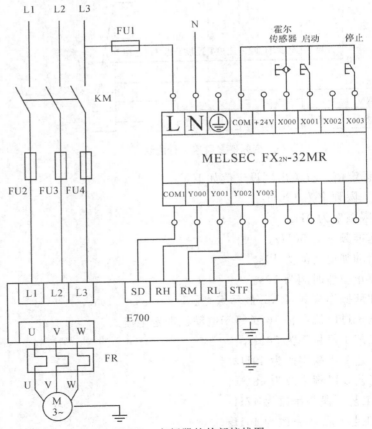

图 7-4　变频器的外部接线图

（3）PLC 程序设计

纱线机 PLC 程序请同学自行设计。

4．模拟调试

在表 7-3 中，ON 表示开关闭合，OFF 表示开关断开，按启动按钮后，模拟霍尔传感器开关动作。在面板上观察运转速度，并将结果填入表 7-3 中，模拟纱线机中途停车或断电后，观察纱线机长度计数值可否保留，继续运行速度是否正常，分析调试结果正确与否。

表 7-3 信号组合与工作频率（速度）表

工艺要求	（Y0）RH	（Y1）RM	（Y2）RL	频率设定	传感器动作次数	输出频率
一速	ON	OFF	OFF	50		
二速	OFF	ON	OFF	49		
三速	ON	ON	OFF	48		
四速	OFF	OFF	ON	47		
五速	ON	OFF	ON	46		
六速	ON	ON	OFF	45		
七速	ON	ON	ON	44		

任务评价

课题设计与模拟调试能力评价标准见表 7-4。

表 7-4 个人技能评分标准

序号	主要内容	考核要求	评分标准	配分	扣分	得分
1	变频器电路设计	1.根据要就进行变频器主电路设计。 2.根据课题需要正确设置变频器相关参数。	1.主电路功能不完整或不规范扣 5～10 分。 2.主电路不会设计扣 20 分。 3.不能正确设置变频器参数，每个参数扣 3 分。	20		
2	程序输入	1.指令输入熟练正确。 2.程序编辑、传输方法正确。	1.指令输入方法不正确，每提醒一次扣 5 分。 2.程序编辑方法不正确，每提醒一次扣 5 分。 3.传输方法不正确，每提醒一次扣 5 分。	15		
3	系统模拟调试	1.变频器—PLC 外部模拟接线符合功能要求。 2.调试方法合理正确。 3.正确处理调试过程中出现故障。	1.错、漏接线，每处扣 5 分。 2.调试不熟练，扣 5～10 分。 3.调试过程原理不清楚，扣 5～10 分。 4.带电插拔导线，扣 5～10 分。 5.不能根据故障现象正确采取相应处理方法扣 5～20 分。	25		

续表

序号	主要内容	考核要求	评分标准	配分	扣分	得分
4	通电试车	系统成功调试	1.一次试车不成功扣 20 分。 2.二次试车不成功扣 30 分。 3.三次试车不成功扣 40 分。	40		
5	安全生产	1.正确遵守安全用电规则，不得损坏电器设备或元件。 2.调试完毕后整理好工位。	1.违反安全文明生产规程、损坏电器元件扣 5～40 分。 2.操作完成后工位乱或不整理扣 10 分。	倒扣		
备注	各项内容最高分不得 超过额定配分		合计	100		

额定时间 180 分	开始时间		结束时间	考评员签字		年 月 日

知识链接

一、变频器的基本结构原理

1.变频器的主电路

电力半导体器件已经历了以晶闸管为代表的分立器件；以可关断晶闸管（GTO）、巨型晶体管（GTR）、功率 MOSFET、绝缘栅双极晶体管（IGBT）为代表的功率集成器件（PID）；以智能化功率集成电路（SPIC）、高压功率集成电路（HVIC）为代表的功率集成电路（PIC）等三个发展时期。从晶闸管发展到 PID，PIC 通过门极或栅极控制脉冲可实现器件导通与关断的全控器件。在器件的控制模式上，从电流型控制模式发展到电压型控制模式，不仅大大降低了门极（栅极）的控制功率，而且大大提高了器件导通与关断的转换速度，从而使器件的工作频率不断提高。在器件结构上，从分立器件发展到由分立器件组合成功率变换电路的初级模块，继而将功率变换电路与触发控制电路、缓冲电路、检测电路等组合在一起的复杂模块。变频器的功能是为电动机提供可变频率的电源，实现电动机的无级调速。变频器具备对电机和变频器本身的完善保护功能，如过热、过载、过流、过压、缺相、接地等，从而避免设备在不正常状态下长时间运行，保护设备不至于损坏。变频器的基本结构如图 7-5 所示。

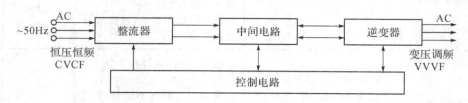

图 7-5　变频器的结构图

（1）整流电路

一般的三相变频器的整流电路由三相全波整流桥组成。它的主要作用是对工频的外部电源进行整流,并给逆变电路和控制电路提供所需要的直流电源。整流电路按其控制方式,可以是直流电压源,也可以是直流电流源。

(2)逆变电路

逆变电路是利用六个半导体开关器件组成的三相桥式逆变电路,有规律地控制逆变器中的主开关元器件的通与断,得到任意频率的三相交流电输出。它的主要作用是在控制电路的控制下,将平滑电路输出的直流电源转换为频率和电压都任意可调的交流电源。逆变电路的输出就是变频器的输出,它被用来实现对异步电动机的调速控制。

(3)控制电路

控制电路包括主控制电路、信号检测电路、门极驱动电路、外部接口电路以及保护电路等几个部分,是变频器的核心部分。控制电路的优劣决定了变频器性能的优劣。控制电路的主要作用是完成对逆变器开关控制、对整流器的电压控制以及完成各种保护功能。

电力半导体器件和微型计算机控制技术的迅速发展,促进了电力变频技术新的突破性发展,20 世纪 70 年代后期发展起来的脉宽调制(Pulse Width Modulation,PWM)技术成了现在最常用的变频器功率开关器件的控制策略。SPWM(Sinusoidal PWM)则是较为常用的技术。其通常是采用调制的方法,即把正弦波作为调制信号,把接受调制的信号作为载波,通过对载波的调制即可得到 SAM 波形。通常采用等腰三角波作为载波,因为等腰三角波上下宽度与高度呈线性关系,且左右对称,当它与正弦波调制信号相交时,如在交点时刻控制电路中开关器件的通断,就可以得到宽度正比于正弦波幅值的脉冲,这正好符合 SP-WM 控制的要求。用生成 SPWM 波控制逆变器开关器件的通断,可得到等幅且脉冲宽度按正弦规律变化的矩形脉冲列输出电压。正弦调制波的频率 f_r,即是逆变器的输出频率 f_1,改变 f_r 便可改变 f_1,三角载波的幅值为恒定,因而改变正弦调制被的幅值就改变了矩形脉冲的面积,由此实现输出电压幅值的改变。

驱动控制单元主要包括 PWM 信号分配电路、输出信号电路等。其主要作用是产生符合系统控制要求的驱动信号,LSI 受中央处理单元(CPU)的控制。中央处理单元包括控制程序、控制方式等部分,是变频器的控制中心。外部控制信号(如频率设定 IRF,正转信号 FR 等)、内部检测信号(如整流器输出的直流电压、逆变器输出的交流电压等)、用户对变频器的参数设定信号等送到 CPU,对变频器进行相关的控制。

2.逆变电路

逆变器产生电压可变、频率可变的交流电供给交流电动机。从整体结构上看,变频器可以分为交—直—交和交—交两大类。

(1)交—直—交变压变频器

交—直—交变压变频器先将工频交流电源通过整流器变换成直流,再通过逆变器变换成可控频率和电压的交流,如图 7-6 所示。

由于这类变压变频器在恒压恒频交流电源输入和变压变频交流输出之间有一个"中间直流环节",所以又称为间接式的变压变频器。具体的整流和逆变电路种类很多,当前应用最广的是由二极管组成不可控整流器和由功率开关器件(P-MOSFET、IGBT 等)组成的脉宽调制(PWM)逆变器,简称为 PWM 变压变频器,如图 7-7 所示。

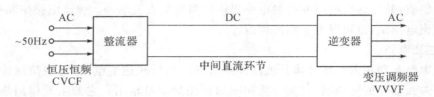

图 7-6 交—直—交(间接)变压变频器

图 7-7 交—直—交变压变频器

PWM 变压变频器的应用之所以如此广泛,是由于它具有如下的一系列优点:

1)在主电路整流和逆变两个单元中,只有逆变单元可控,通过它同时调节电压和频率,结构简单。采用全控型的功率开关器件,只通过驱动电压脉冲进行控制,电路也简单,效率高。

2)输出电压波形虽然只是一系列的 PWM 波,但由于采用了恰当的 PWM 控制技术,正弦基波的比重较大,影响电动机运行的低次谐波受到很大的抑制,因而转矩脉动小,提高了系统的调速范围和稳态性能。

3)逆变器同时实现调压和调频,动态响应不受中间直流环节滤波器参数的影响,系统的动态性能也得以提高。

(2)交—交变压变频器

交—交变压变频器的基本结构如图 7-8 所示,它只有一个变换环节,把恒压恒频(CVCF)的交流电源直接变换成 VVVF 输出,因此又称为直接式变压变频器。有时为了突出其变频功能,也称做周波变换器(Cyeloconveter)。

控制方式

图 7-8 交—交(直接)变压变频器

常用的交—交变压变频器输出的每一相都是一个由正、反两组晶闸管可控整流装置反并联的可逆线路。也就是说,每一相都相当于一套直流可逆调速系统的反并联可逆整流器。

交—交变压变频器的控制方式有以下两种。

1)整半周控制方式

正、反两组按一定周期相互切换,在负载上就获得交变的输出电压 u_0。u_0 的幅值取决于各组可控整流装置的控制角 α,u_0 的频率取决于正、反两组整流装置的切换频率。如果控制角 α 一直不变,则输出平均电压是方波。

2)α调制控制方式

要获得正弦波输出,就必须在每一组整流装置导通期间不断改变其控制角。

(3)三相交—交变频电路

三相交—交变频电路可以由3个单相交—交变频电路组成,如果每组可控整流装置都用桥式电路,含6个晶闸管(当每一桥臂都是单管时),则三相可逆线路共需要36个晶闸管,即使采用零式电路也需要18个晶闸管。

二、矢量控制的基本原理

V/F恒定、速度开环控制方式和转差频率速度闭环控制方式通用变频器,基本上解决了异步电动机平滑调速的问题。然而,当生产机械对调速系统的动、静态性能提出更高要求时,上述系统还是比直流调速系统略逊一筹。原因在于其系统控制的规律是从异步电动机稳态等效电路和稳态转矩公式出发推导出的稳态值控制,完全不考虑动态过渡过程,系统在稳定性、启动及低速时转矩动态响应等方面的性能尚不能令人满意。考虑到异步电动机是一个多变量、强耦合、非线性的时变参数系统,很难直接通过外加信号准确地控制电磁转矩。但若以转子磁通这一旋转的空间矢量为参考坐标,利用从静止坐标系到旋转坐标系之间的变换,则可以把定子电流中的励磁电流分量与转矩电流分量变成标量独立开来,分别进行控制。这样,通过坐标变换重建的电动机模型就可等效为一台直流电动机,从而可像直流电动机那样进行快速的转矩和磁通控制,即矢量控制。

矢量控制实现的基本原理是通过测量和控制异步电动机定子电流矢量,根据磁场定向原理分别对异步电动机的励磁电流和转矩电流进行控制,从而达到控制异步电动机转矩的目的。具体是将异步电动机的定子电流矢量分解为产生磁场的电流分量(励磁电流)和产生转矩的电流分量(转矩电流)分别加以控制,并同时控制两分量间的幅值和相位,即控制定子电流矢量,所以称这种控制方式为矢量控制方式。

通过对旋转坐标系上直流量(磁场电流分量与转矩电流分量)的控制,达到对静止坐标系上三相交流量的控制,即在旋转坐标系上把交流电机等效为直流电机。在磁场电流恒定时,通过控制转矩电流,获得与直流电机同样优良的静、动态性能。

矢量控制的基本思想是:将异步电动机的物理模型等效变换成类似直流电动机的模型,再仿照直流电动机去控制它,等效的原则是在不同坐标中产生的磁动势相同。

采用矢量控制方式的通用变频器不仅可以在调速范围上与直流电动机相匹配,而且可以控制异步电动机产生的转矩。由于矢量控制方式所依据的是准确的被控异步电动机的参数,有的通用变频器在使用时需要准确地输入异步电动机的参数,有的通用变频器需要使用速度传感器和编码器,并需使用厂商指定的变频器专用电动机进行控制,否则难以达到理想的控制效果。目前新型的矢量控制通用变频器中已经具备异步电动机参数的自动检测、自动辨识、自适应功能,带有这种功能的通用变频器在驱动异步电动机进行正常运转之前,可以自动地对异步电动机的参数进行辨识,并根据辨识结果调整控制算法中的有关参数,从而对普通的异步电动机进行有效的矢量控制。除了上述的无传感器矢量控制和转矩矢量控制等可提高异步电动机转矩控制性能的技术外,目前的新技术还包括异步电动机控制常数的调节及与机械系统匹配的适应性控制等,以提高异步电动机应用性能的技术。为了防止异步电动机转速偏差以及在低速区域获得较理想的平滑转速,应用大规模集成电路,并采用专用数字式自动电压调整控制技术的控制方式已实用化，并取得了良好的效果。

三、霍尔传感器

1. 霍尔效应

在半导体薄片两端通以控制电流 I，并在薄片的垂直方向施加磁感应强度为 B 的匀强磁场，则在垂直于电流和磁场的方向上，将产生电势差为 U_H 的霍尔电压，如图 7-9 所示。

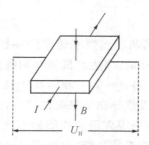

图 7-9　霍尔效应示意图

2. 霍尔元件

根据霍尔效应，人们用半导体材料制成的元件叫霍尔元件。它具有对磁场敏感、结构简单、体积小、频率响应宽、输出电压变化大和使用寿命长等优点，因此，在测量、自动化、计算机和信息技术等领域得到广泛的应用。

3. 霍尔传感器的分类

霍尔传感器分为线性型霍尔传感器和开关型霍尔传感器两种。

(1)线性型霍尔传感器由霍尔元件、线性放大器和射极跟随器组成，它输出模拟量。

(2)开关型霍尔传感器由稳压器、霍尔元件、差分放大器，斯密特触发器和输出级组成，它输出数字量。

霍尔器件具有许多优点：结构牢固，体积小，重量轻，寿命长，安装方便，功耗小，频率高（可达 1MHZ），耐震动，不怕灰尘、油污、水汽及盐雾等的污染或腐蚀。

霍尔线性器件的精度高、线性度好；霍尔开关器件无触点、无磨损、输出波形清晰、无抖动、无回跳、位置重复精度高（可达 μ_m 级）。取用了各种补偿和保护措施的霍尔器件的工作温度范围宽，可达 $-55 \sim 150℃$。

按照霍尔器件的功能可将它们分为霍尔线性器件和霍尔开关器件。前者输出模拟量，后者输出数字量。

按被检测的对象的性质可将它们的应用分为直接应用和间接应用。前者是直接检测出受检测对象本身的磁场或磁特性；后者是检测受检对象上人为设置的磁场，用这个磁场来作被检测的信息的载体，通过它，将许多非电、非磁的物理量例如力、力矩、压力、应力、位置、位移、速度、加速度、角度、角速度、转数、转速以及工作状态发生变化的时间等，转变成电量来进行检测和控制。

思考与练习

1. 有一台电动机受变频器控制，控制要求为三段速度运行（频率分别为 20Hz、35Hz、50Hz）。按下 SB1 时低速运行，按下 SB2 时中速运行，按下 SB3 时高速运行，按下停止按钮 SB4，减速运行停止。三段速度之间可任意切换，加减速时间均为 8s。试绘制变频器控制图，设定相关运行参数。

2. 交—直—交变频器，按照中间直流环节性质的不同，可以分成哪几种类型？

3. 矢量控制的概念与构想是什么？

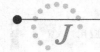
任务八　变频器模拟量操作训练

1.掌握对变频器进行模拟量控制参数设置。

2.学会使用模拟转换功能模块 FX_{0N}-3A 及 A/D、D/A 特殊功能模块。

3.学会标准型温度感器的模拟量转换及量纲变换程序设计。

4.学会变频器对模拟量设计调试。

任务一　变频器的平滑调速

在本任务中,将学习变频器的平滑调速过程,变频器采用外部控制模式,由外部模拟电压信号端设定输出频率,由外部开关完成电动机的正转、反转、停止控制。控制电路的基本接线图如图 8-1 所示。

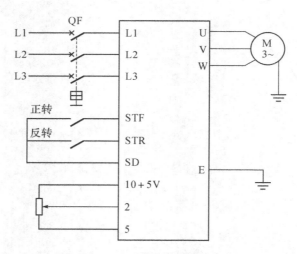

图 8-1　变频器的外部接线图

控制要求如下:

(1)对变频器的平滑调速进行参数设置。

(2)旋转频率调节按钮,正转输出频率逐步增大到 50Hz。

(3)旋转频率调节按钮,反转输出频率逐步增大到 50Hz。

任务二 变频器在温度控制系统中的应用

利用变频器设计一个室内温度自动控制系统,如图 8-2 所示。控制要求如下:

(1)在室内距地面 1.4 米的位置,安装 1 只温度传感器。

(2)当室内温度小于 20℃时,变频器控制的风机关闭节能,同时指示灯 HL1(黄色)亮;当室内温度大于 30℃时,变频器控制的风机全频(50Hz)运行,同时指示灯 HL2(红色)亮;当室内温度在 20～30℃之间时,变频器控制的风机变频运行,对应工作频率为 30Hz 到 45Hz 之间,风机转速与温度成正比,HL3(绿色)亮。

(3)按下起动按钮,系统开始运行;按下停止按钮,系统停止运行。

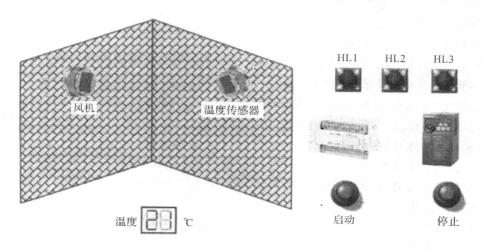

图 8-2 室内温度检测自控系统图

任务实施

一、预习内容

熟悉本任务中所用到的实训器材,仔细阅读知识链接有关变频器模式控制与多速度控制等相关知识和工作作原理。

二、训练器材

(1)三菱 FR-E700 变频器 1 台。

(2)三菱 FX_{2N}-32MR PLC 1 台,配模拟转换功能模块 FX_{0N}-3A。

(3)电动机 1 台。

(4)FX_{0N}-3A 温度传感器

(5)电工常用工具 1 套。

(6)开关、导线等若干。

三、任务实施步骤

（一）任务一实施步骤

（1）按接线图将线连好后，启动电源，准备设置变频器各参数。

（2）按"MODE"键进入参数设置模式，将 Pr.79 设置为"2"：外部模式。正转、反转运行、停止由外部端子 STF、STR 控制，转速调节由外部端子 2、5 输入。其他参数设置为：

参数 Pr.1＝120，上限频率为 120Hz；

参数 Pr.2＝0，下限频率为 0Hz；

参数 Pr.3＝50，基准频率为 50Hz；

参数 Pr.7＝5，启动加速时间为 5s；

参数 Pr.8＝5，停止减速时间为 5s；

参数 Pr.125＝50，5V(10V) 输入时频率为 50Hz；

参数 Pr.73＝1，选择 5V 的输入电压。

连续按"MODE"按钮，退出参数设置模式。

（3）把外接电位器顺时针旋转到底，输出频率设定为 0。把外接电位器慢慢逆时针旋转到底，输出频率逐步增大到 50Hz。

（4）正转。接通 STF-SD，RUN 灯亮，输出频率逐步增大到 50Hz。

（5）反转。接通 STR-SD，RUN 灯闪烁，输出频率逐步增大到 50Hz。

（6）停止。断开 STF、STR。

（7）切断电源。

（8）记录数据在表 8-1 中。

表 8-1 输入电压为 0～5V 时的数据

U_2(V)					
F(Hz)					
V(r/min)					

画出 U_2-f 和 f-V 特性于图 8-3 中，分析误差及原因。

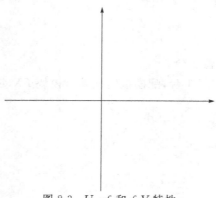

图 8-3 U_2-f 和 f-V 特性

（9）设置参数 Pr.73＝1，设定输入电压为 0～10V，记录数据在表 8-2 中。

表 8-2 输入电压为 0～10V 时的数据

$U_2(V)$						
$f(Hz)$						
$V(r/min)$						

画出 $U_2\text{-}f$ 和 $f\text{-}V$ 特性于图 8-4 中，分析误差及原因。

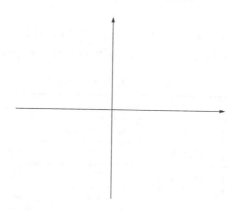

图 8-4 $U_2\text{-}f$ 和 $f\text{-}V$ 特性

（二）任务二实施步骤

1.任务分析

本任务中涉及模拟量的输入和输出，变频器要进行相应模拟量设置，PLC 需要增加 A/D 和 D/A 转换模块。在温度模拟信号输入时，要将模拟信号转换成数字信号，才能进行数据处理；PLC 输出时，又要求将数字信号转换成模拟信号，变频器才能获得 5V 或 10V 的电压信号。

下面根据控制要求对各元件的功能特点加以分析。

（1）A/D 转换模块的模拟量输入信号要与传感器输出信号相匹配。A/D 转换模块一般可以转换三种类型的模拟输入信号，可以是 0～5V、0～10V 的电压信号或者是 4～20mA 的电流信号，至少要求传感器能输出上述信号中的一种。

（2）量纲变换。在 A/D 转换取得数字数据后，需要进行量纲变换才能获得所熟悉的温度的度量值。

（3）转换精度的控制。在任务的要求中虽没有要求控制精度，但在 PLC 系统设计时一定要考虑，常用 A/D 转换模块的转换精度有 8 位和 12 位的，转换精度越高成本也越高。由于上述控制是对一个普通室内的环境参数检测，选择 8 位的转换精度即可。

（4）D/A 模拟量转换输出与变频器匹配。D/A 的输出一般也有 0～5V、0～10V 和 4～20mA 三种标准输出类型，常用的转换精度有 8 位和 12 位的，这里选择的是一个 8 位 D/A 转换模块。同时变频器对相应模拟量有关参数 P73、P125 等进行设置。如无温度传感器，可用 0～5V 电压信号模拟。

2.参数设置

Pr.79＝2(外部模式);

Pr.7＝1s;Pr.8＝1s;

Pr.9＝电机电流保护值;

P73＝0(0～10V 信号输出);

P125＝50(0～10V 信号对应频率);

3.变频器—PLC 控制设计

(1)I/O 分配

由图 8-2 可以看出,需要一个起动按钮 SB1、一个停止按钮 SB2、一路模拟输入量、一路电压模拟输出信号、三盏指示灯 HL1～HL3,PLC 的 I/O 分配的地址如表 8-3 所示。

表 8-3　PLC 的 I/O 口分配表

开关量输入			开关量输出		
输入继电器	输入元件	作用	输出继电器	输出元件	作　用
X0	SB1	起动按钮	Y0	HL1	小于 20℃指示灯
X1	SB2	停止按钮	Y1	HL2	20～30℃指示灯
			Y2	HL3	大于 30℃指示灯
			Y4	STF	变频器正转起动
模拟量输入			模拟量输出		
AI1	V_{in1}	0～5V 温度输入信号	AO1	V_{out}	0～10V 变频器控制信号

(2)变频器电路设计

将选择的 A/D 和 D/A 转换模块、温度传感器与 PLC 的主控单元和变频器连接即构成了室内温度检测和控制系统,如图 8-5 所示。

(3)程序设计

从模拟输入通道 1(8 位 A/D)转换来的压力实时值存放于寄存器 D0 单元中,把需要输出的数值存放在数据寄存器中,然后通过模拟输出通道 1(D/A 口)输出都变频器的 U_2 口,采用电压输出的方式,PLC 程序请同学自行设计。

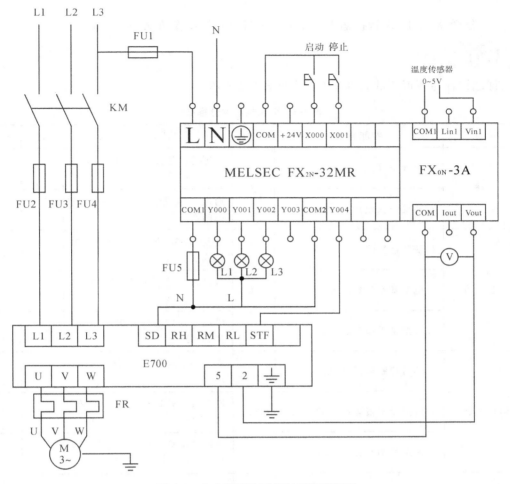

图 8-5　室内温度检测控制系统原理图

4.运行调试

根据原理图 8-5 连接变频器—PLC 线路,接线图检查无误后,将上述程序连接在一起下载到 PLC 中,运行程序,观察控制过程。

(1)按下起动按钮 SB1,调节电位器值,模拟不同温度(电位器电压)值,观察 Y0、Y1、Y2、变频器频率、电动机转速的动作情况。

(2)可用 0～5V 电位器模拟 0～100℃环境温度,调节电位器值,在 PLC 监视模式下观察并记录对应的 A/D 转换数据块值和变频器运行频率,记录数据在表 8-4 中。

表 8-4　温度变化变频器风机数据表

温度 T					
A/D 输入电压 U_1(V)					
A/D 转换数据块值					
D/A 转换电压 U_2(V)					
变频器运行频率(Hz)					

（3）分析 A/D、D/A 转换输出变化情况和各指示灯动作情况是否正确。

任务评价

课题设计与模拟调试能力评价标准见表 8-5 所示。

表 8-5　个人技能评分标准

项目	技能要求	配分	评分标准	扣分	得分
接线	1. 接线正确。	20	每遗漏或接错一根线，扣 5 分。		
	2. 通电一次成功。		通电不成功扣 10 分，最多通电两次。		
参数设置	1. 变频器复位。	50	变频器复位不正确扣，扣 15 分。		
	2. 电机基本参数设置。		电机基本参数设置不正确扣 15 分。		
	3. 模拟量操作参数设置。		模拟量操作参数设置不正确，扣 20 分。		
运行调试	1. 端口控制运行、停止。	30	端口控制运行、停止，扣 10 分。		
	2. 模拟量调整运行频率。		模拟量调整运行频率不正确，扣 15 分。		
	3. 模拟量调整旋转方向。		模拟量调整旋转方向不正确，扣 15 分。		
安全操作	1. 工具、元件完好。	从总分中扣 5～10 分	有损坏，扣 5～10 分。		
	2. 安全、规范操作无事故发生。		违反安全操作规定，扣 5～10 分，发生事故，本课题 0 分。		
总　　分					
额定时间 90 分钟	开始时间		结束时间	考评员签字 年　月　日	

任务二课题设计能力与模拟调试能力评价标准见表 8-6 所示。

表 8-6　个人技能评分标准

序号	主要内容	考核要求	评分标准	配分	扣分	得分
1	变频器电路设计	1. 根据要就进行变频器主电路设计。 2. 根据课题需要正确设置变频器相关。	1. 主电路功能不完整或不规范扣 5～10 分。 2. 主电路不会设计扣 20 分。 3. 不能正确设置变频器参数，每个参数扣 3 分。	20		

续表

序号	主要内容	考核要求	评分标准	配分	扣分	得分
2	程序输入	1.指令输入熟练正确。 2.程序编辑、传输方法正确。	1.指令输入方法不正确,每提醒一次扣5分。 2.程序编辑方法不正确,每提醒一次扣5分。 3.传输方法不正确,每提醒一次扣5分。	15		
3	系统模拟调试	1.变频器—PLC外部模拟接线符合功能要求。 2.调试方法合理正确。 3.正确处理调试过程中出现故障。	1.错、漏接线,每处扣5分。 2.调试不熟练,扣5~10分。 3.调试过程原理不清楚,扣5~10分。 4.带电插拔导线,扣5~10分。…… 5.不能根据故障现象正确采取相应处理方法扣5~20分。	25		
4	通电试车	系统成功调试	1.一次试车不成功扣20分。 2.二次试车不成功扣30分。 3.三次试车不成功扣40分。	40		
5	安全生产	1.正确遵守安全用电规则,不得损坏电器设备或元件。 2.调试完毕后整理好工位。	1.违反安全文明生产规程,损坏电器元件扣5~40分。 2.操作完成后工位乱或不整理扣10分。	倒扣		备
注	各项内容最高分不得超过额定配分		合计	100		

额定时间 180分	开始时间		结束时间		考评员签字		年　　月　　日

知识链接

一、变频器模拟量给定

1.基本概念

模拟量给定方式即通过变频器的模拟量端子从外部输入模拟量信号(电流或电压)进行给定,并通过调节模拟量的大小来改变变频器的输出频率。

模拟量给定中通常采用电流或电压信号,常见于电位器、仪表、PLC 和 DCS 等控制回路。电流信号一般指 0~20mA 或 4~20mA。电压信号一般指 2~10V、0~±10V、1~5V、0~±5V 等。

电流信号在传输过程中,不受线路电压降、接触电阻及其压降、杂散的热电效应以及感应噪声等影响,抗干扰能力较电压信号强。但由于电流信号电路比较复杂,故在距离不远的情况下,仍以选用电压给定为模拟量信号居多。

模拟量控制

变频器通常都会有 2 个及以上的模拟量端子(或扩展模拟量端子),有些端子可以同时输入电压和电流信号(但必须通过跳线或短路块进行区分),因此对变频器已经选择好模拟量给定方式后,还必须按照以下步骤进行参数设置:

(1)选择模拟量给定的输入通道;

(2)选择模拟量给定的电压或者电流方式及其调节范围,同时设置电压/电流跳线,注意必须在断电时进行操作;

(3)选择模拟量端子多个通道之间的组合方式(叠加或者切换);

(4)选择模拟量端子通道的滤波参数、增益参数、线性调整参数。

2.频率给定曲线

所谓频率给定曲线,就是指在模拟量给定方式下,变频器的给定信号 P 与对应的变频器输出频率 $f(x)$ 之间的关系曲线 $f(x) = f(p)$。这里的给定信号 P,既可以是电压信号,也可以是电流信号,其取值范围在 10V 或 20mA 之内。

一般的电动机调速都是线性关系,因此频率给定曲线可以简单地通过定义首尾两点的坐标(模拟量,频率)即可确定该曲线。如图 8-6(a)所示,定义首坐标为 (P_{min}, f_{min}) 和尾坐标 (P_{max}, f_{max}),可以得到设定频率与模拟量给定值之间的正比关系。如果在某些变频器运行工况需要频率与模拟量给定成反比关系的话,也可以定义首坐标为 (P_{min}, f_{max}) 和尾坐标 (P_{max}, f_{min}),如图 8-6(b)所示。

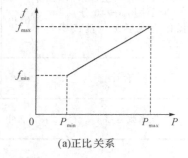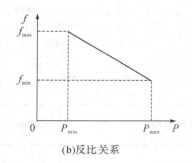

(a)正比关系　　　　　　　　　　(b)反比关系

图 8-6　频率给定曲线

这里必须注意以下几点:

(1)根据频率给定曲线计算出来的设定频率(如果超出频率上下限范围的话,只能取频率上下值,因此,频率上下限值优先考虑;

(2)在一些变频器参数定义中,模拟量给定信号 p 或设定频率 f 是采用百分比赋值,其百分比的定义为模拟量给定百分比 $P\% = P/P_{max} \times 100\%$ 和设定频率百分比 $f\% = f/f_{max} \times 100\%$;

(3)在一些变频器参数定义中,频率给定曲线不是直接描述出来的,而是通过最大频率、偏置频率和频率增益表达。

3.模拟量给定的滤波和增益参数

模拟量的滤波是为了保证变频器获得的电压或电流信号能真实地反映实际值,消除干扰信号对频率给定信号的影响。滤波的工作原理是数字信号处理,即数字滤波。滤波时间常数就是特指模拟量给定号上升至稳定值的 63% 所需要的时间(单位为 s)。

滤波时间的长短必须根据不同的数学模型和工况进行设置,滤波时间太短,当变频器显示"给定频率"时有可能不够稳定而呈闪烁状;滤波时间太长,当调节给定信号时,给定频率跟随给定信号的响应速度会降低。一般而言,出于对抗干扰能力的考虑,需要增加滤波时间常数;处于对响应速度快的考虑,需要降低滤波时间常数。

模拟量通道的增益参数与上面的频率增益不一样,后者主要是为定义频率给定曲线的坐标值,前者则是在频率给定曲线既定的前提下,降低或者提高模拟量通道的电压值或者电流值。

4.模拟量给定的正反转控制

一般情况下,变频器的正反转功能都可以通过正转命令端子或反转命令端子来实现。在模拟量给定方式下,还可以通过模拟量的正负值来控制电动机的正反转,即正信号(0～+10V)时电动机正转、负信号(−10～0V)时电动机反转。如图 8-7 所示,10V 对应的频率值为 f_{max},−10V 对应的频率值为 $-f_{max}$。

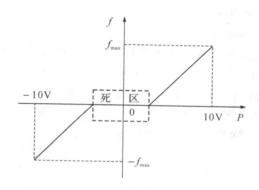

图 8-7　模拟量的正反转控制和死区功能

在用模拟量控制正反转时,临界点即 0V 时应该为 0Hz,但实际上真正的 0Hz 很难做到,且频率值很不稳定,在频率 0Hz 附近时,常常出现正转命令和反转命令共存的现象,并呈"反反复复"状。为了克服这个问题,预防反复切换现象,就定义在零速附近为死区。

对于死区,不同类型的变频器定义都会有所不同。一般有以下两种:

(1)线段型

如图 8-7 所示,如果定义(−1V,+1V)为死区,则模拟量信号在(−1V,+1V)范围时按零输入处理,(+1V,+10V)对应(0Hz,最大频率),(−1V,−10V)对应(0Hz,负的最大频率)。

(2)滞环回线型

在变频器的输出频率定义一个频率死区($-f_{dead}$,$+f_{dead}$),这样一来配合着电压死区($-u_{dead}$,$+u_{dead}$)就围成了滞环回线。

模拟量的正反转控制功能还有一种就是在模拟量非双极性功能的情况下(也就是说电压不为负的单极性模拟量)也可以实现,即定义在给定信号中间的任意值作为正转和反转的零界点(相当于原点),高于原点以上的为正转,低于原点以下的为反转。同理,也可以相应设置死区功能,实现死区跳跃。但是,在这种情况下,却存在一个特殊的问题,即万一给定信号因电路接触问题或其他原因而丢失,则变频器的输入端得到的信号为 0V,其输出频率将跳变为反转的最大频率,电动机将从正常工作状态转入高速反转状态。十分明显,在生产过程中,这种情况的出现将是十分有害的,甚至有可能损坏生产机械。对此,变频器设置了一个有效的"零"功能。就是说,让变频器的实际最小给定信号不等于 0,而当给定信号等于 0 时,变频器的输出频率则自动降至 0 速。

二、FX_{0N}-3A 特殊功能模块简介

FX_{0N}-3A 模拟输入模块(以后称之为 FX_{0N}-3A)有 2 个模拟量输入通道和 1 个模拟量输出通道。输入通道将接收的电压或电流信号转换成数字值送入到 PLC 中,输出通道将数字值转换成电压或电流信号输出。

1. FX_{0N}-3A 特殊功能模块

FX_{0N}-3A 模拟输入模块有 2 个模拟量输入通道和 1 个模拟量输出通道。输入通道将接收的电压或电流信号转换成数字值送入到 PLC 中,输出通道将数字值转换成电压或电流信号输出。

(1)FX_{0N}-3A 模块功能特点

1)FX_{0N}-3A 的最大分辨率为 8 位。

2)在输入/输出方式上,电流或电压类型的区分是通过端子的接线方式决定。两个模拟输入通道可接受的输入为 DC 0～10 V,DC 0～5 V 或 4～20 mA。

3)FX_{0N}-3A 模块可以与 FX_{2N}、FX_{2NC}、FX_{1N}、FX_{0N} 系列 PLC 连接使用。与 FX_{2N} 系列 PLC 连接使用时最多可以连接 8 个模块,模块使用 PLC 内部电源。

4)FX_{2N} 系列 PLC 可以对模块进行数据传输和参数设定,为 T0/FROM 指令。

5)在 PLC 扩展母线上占用 8 个 I/O 点。8 个 I/O 点可以分配给输入或输出。

6)模拟到数字的转换特性可以调节。

(2)FX_{0N}-3A 模块的外部接线方式和信号特性

1)FX_{0N}-3A 模块的外部结构及接线方式如图 8-8 所示。

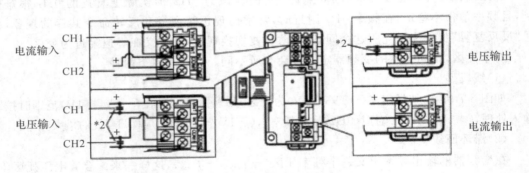

图 8-8　FX_{0N}-3A 模块外部结构及接线方式

模拟输入通道 1 有三个接线端子 V_{in1}、I_{in1} 和 COM1,电压模拟信号输入时将信号的地分别接 V_{in1} 和 COM1,电流模拟信号输入时,先将 V_{in1} 和 I_{in1} 短接再接输入信号,COM1 接公共地。模拟输入通道 2 接线方式同通道 1。

要特别注意的是:两个输入通道在使用时必须选择相同类型的输入信号,即都是电压类型或都是电流类型,不能将一个通道作为模拟电压输入而将另一个作为电流输入,这是因为两个通道使用相同的偏值量和增量值。并且,当电压输入存在波动或有大量噪声时,在位

置*2处连接一个 $0.1 \sim 0.47 \mu F$ 的电容。

电压输出时接 V_{out} 和 COM，电流输出时接 I_{out} 和 COM。

2）FX_{0N}-3A 模块的信号特性。

图 8-9 所示为三种不同标准类型模拟输入的转换特性图，数据的有效范围是 $1 \sim 250$。

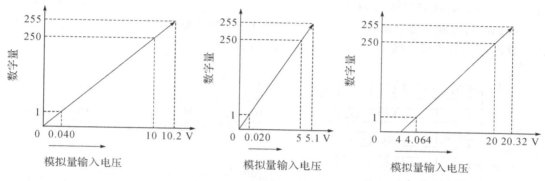

图 8-9 FX_{0N}-3A 模块模拟量输入转换作用

图 8-10 所示为模拟输出的转换特性图，输出数据的有效范围是 $1 \sim 250$，如果输出数据超过 8 位，则只有低 8 位数据有效，高于 8 位的数据将被忽略掉。

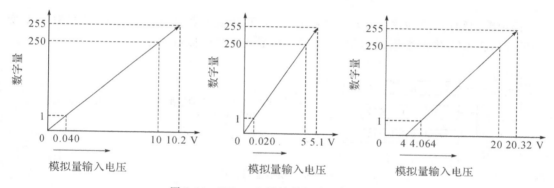

图 8-10 FX_{0N}-3A 模块模拟输出转换特性

FX_{0N}-3A 模块内部分配有 32 个缓存器 BFM0～BFM31，其中使用的有 BFM0、BFM16 和 BFM17，其余均未使用。各缓存器的功能如表 8-7 所示。

表 8-7 FX_{0N}-3A 模块内部缓存器功能

缓冲存储器编号	$b_{15} \sim b_8$	b_7	b_6	b_5	b_4	b_3	b_2	b_1	b_0
0	保留	通过 BFM#17 的 b_0 选择 A/D 转换通道的当前值输入数据（以 8 位存储）							
16		D/A 转换通道上的当前值输出数据（以 8 位存储）							
17	保留						D/A 转换启动	A/D 转换启动	A/D 转换通道
1-5,18-31	保留								

说明:BFM17 各位作用如下:

$b_0 = 0$ 选择模拟输入通道 1;

$b_0 = 1$ 选择模拟输入通道 2;

$b_1 = 0 \rightarrow 1$,启动 A/D 转换处理;

$b_2 = 0 \rightarrow 1$,启动 D/A 转换处理。

模拟量读指令

模拟输入读取程序。如图 8-11 所示程序当中,当 M0 变成 ON 时,从模拟输入通道 1 读取数据;当 M1 变为 ON 时,从模拟输入通道 2 读取数据。

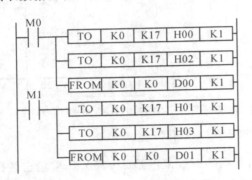

(H00)写入BFM#17,选择输入通道1
(H02)写入BFM#17,启动通道1的A/D转换处理读取BFM#0,把通道1的当前值存入寄存器D0中

(H00)写入BFM#17,选择输入通道1
(H02)写入BFM#17,启动通道1的A/D转换处理读取BFM#0,把通道1的当前值存入寄存器D0中

图 8-11　模拟输入读取程序

模拟输出程序。在如图 8-12 所示程序中,需要转换的数据放于寄存器 D02 中,M0 变成 ON 时,将 D02 中的数据送 D/A 转换器转换成相应的模拟量输出。

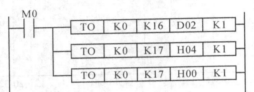

将D02中要转换的数据送到BFM#16中,等待转换
(H00)写入BFM#17,进行D/A转换

图 8-12　模拟输出程序

三、其他 A/D、D/A 特殊功能模块

模拟量写指令

1. FX_{2N}-2AD 转换模块

FX_{2N} 系列 PLC 的 A/D 转换模块有 FX_{2N}-2AD、FX_{2N}-4AD、FX_{2N}-8AD 三种。其中 FX_{2N}-2AD 模拟输入模块用于将 2 点模拟输入(电压和电流输入)转换成 12 位的数字值,并将这个值输入到 PLC 中。模拟输入可通过接线方式进行选择,两个模拟输入通道可接受的输入为 DC $0\sim10$ V,DC $0\sim5$ V 或 $4\sim20$mA。模拟到数字的转换特性可以通过调节器进行调节。此模块占用 8 个 I/O 点,可以用 FROM/TO 指令与 PLC 进行数据传输。

在接线时,只需将输入模拟量接到相应的端子,电压接 V_{in} 和 COM 端子,电流接 I_{in} 和 COM 端子(且将 V_{in} 和 I_{in} 短接),但两通道应同时为电压输入或电流输入。其输入特性如图 8-13 所示。

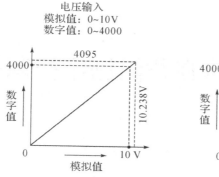

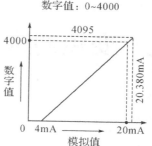

图 8-13　FX_{2N}-2AD 模块输入特性

　　FX_{2N}-2DA 模拟量输出模块用于将 12 位的数字值转换成 2 点模拟输出（电压和电流输出），并将这个值输入到 PLC 中。模拟输出可通过接线方式进行选择，两个模拟输出通道可接受的输出为 DC 0～10 V，DC 0～5 V 或 4～20 mA。数字到模拟的转换特性可以通过调节器进行调节。此模块占用 8 个 I/O 点，可以用 FROM/TO 指令与 PLC 进行数据传输。

　　接线时，模拟电压输出端子是 V_{out} 和 COM（且将 I_{out} 和 COM 短接），模拟电流输出端子是 I_{out} 和 COM，输出特性如图 8-14 所示。

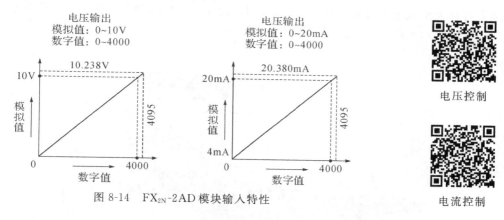

电压控制

电流控制

图 8-14　FX_{2N}-2AD 模块输入特性

2. FX_{2N}-4AD-PT、FX_{2N}-4AD-TC 模拟特殊模块

　　FX_{2N}-4AD-PT 模拟特殊模块是将来自 4 个铂温度传感器（Pt100，3 线，100 欧姆）的输入信号放大，并将数据转换成 12 位的可读数据，存储在主处理单元中。

　　FX_{2N}-4AD-TC 模拟特殊模块是将来自 4 个热电偶传感器（K 或 J 型）的输入信号放大，并将数据转换成 12 位的可读数据，存储在主处理单元中。这两种模块摄氏和华氏数据都可以读。所有数据的传输和参数设置可以通过各自的软件控制来调整。数据读出由 FROM/TO 指令完成。各占用扩展总线的 8 个 I/O。

思考与练习

　　用变频器—PLC 结合模拟变量进行一个"农业生产多功能自动控制"模拟设计。查阅相关资料，参照现代农业大棚生产的自动化控制流程，对温度、湿度等参数进行自动检测控制。要求给出生产工艺流程，结构框图及完整的控制程序。

任务九　变频调速在龙门刨床控制的应用

任务目标

1. 了解变频器—PLC 控制相比传统接触器电气控制的优点。
2. 掌握变频器程序控制速度参数设置方法和应用。
3. 掌握用变频器改造较复杂的电气控制电路。
4. 了解变频器的安装、调试、维护相关知识。

任务描述

龙门刨床是机械工业的主要工作母机之一,在工业生产中占有重要的位置。其主要用来加工各种大型机座及骨架零件,如箱体、床身、横梁、立柱、导轨等。图 9-1 所示为 B2012A龙门刨床结构示意图。

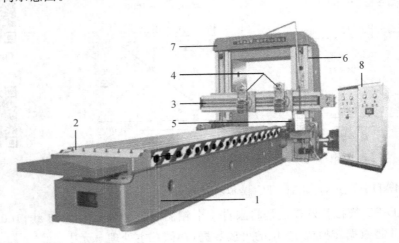

图 9-1　B2012A 龙门刨床结构示意图

1—底座;2—工作台;3—横梁;4—主刀架;5—侧刀架;6-7—顶梁;8—电控柜

龙门刨床工作台最早采用交流感应电动机拖动并实现正反向的方案、用交流电动机通用电磁离合器实现正反向的方案以及用交流电动机通过液压系统实现正反向的方案。后来使用较多的是直流发电机—电动机组的拖动方案。而这种方案又有两类:一类是自励放大机控制并改变发电机励磁进行调整的方案;另一类就是采用交磁放大机控制并改变发电机励磁的调整方案。20 世纪六七十年代,由于微电子技术的发展,出现了由晶闸管直接供电的直流调速系统拖动龙门刨床工作台的方案。但直流电动机本身结构上存在严重的问题,它的机械接触式换向器不但结构复杂、制造费时、价格昂贵,而且运行中容易出现故障。目前,大多数龙门刨床电气控制方式落后,器件严重老化,加工效率低,耗电高,故障频繁,维修难度大。随着交流变频调速技术的发展,交流电动机拖动龙门刨床工作台已成为可能。

龙门刨床电气部分主要由刀架控制、横梁控制、工作台控制、抬刀控制等电气线路构成。本任务重点是对龙门刨床工作台电路进行变频器电路设计。速度控制时序如图 9-2 所示。

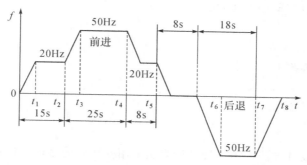

图 9-2　B2012A 龙门刨床工作台速度控制图

控制要求如下:

(1)刨床工作台电动机由变频器拖动,要求实现图 9-2 所示速度控制图。

(2)刨床的垂直进刀由一台电机控制每次进刀量,并设有进刀下限和回刀上限。

(3)刨床的水平进刀由一台电机控制每次进刀量,并设有进刀下限和回刀上限。

(4)垂直进刀与水平进刀次数依据工件尺寸和加工材料硬度设计计数器次数。

(5)加工步骤为:

手动垂直进刀与水平进刀至原点→起动→垂直进刀一次→工作台运行一周→水平右进一次→工作台运行一周→水平进刀次数(右限)到→垂直进刀一次工作台运行一周→水平左进一次→工作台运行一周→水平进刀次数(左限)到→垂直进刀一次(下限到)→回原位

(6)进刀加减速时间为 1s。

(7)原点为左限与上限位置,车刀在原点时,原点指示灯亮。

工作台的运动规律说明如下:

$0 \sim t_1$——工作台前进起动阶段;

$t_1 \sim t_2$——刀具慢速切入阶段;

$t_2 \sim t_3$——加速至稳定工作速度阶段;

$t_3 \sim t_4$——稳定工作速度阶段;

$t_4 \sim t_5$——减速刀具退出工件阶段;

$t_5 \sim t_6$——制动到后退起动阶段;

$t_6 \sim t_7$——后退稳定速度阶段;

$t_7 \sim t_8$——后退减速制动阶段。

任务实施

一、预习内容

仔细阅读知识链接有关电气线路图分析方法、B2012A 龙门刨床电气工作原理等相关知识,写出图 9-2 所示的控制要求的工作原理,并列出每个交流接触器、电机、指示灯、行程开关等的动作顺序。

二、训练器材

(1)三菱 FR-A540 变频器 1 台。

(2)三菱 FX$_{2N}$-48MR PLC 1 台。

(3)电动机 1 台。

(4)电工常用工具 1 套。

(5)开关、导线等若干。

三、实施步骤

1.任务分析

本课题有两种设计方法。第一种设计方法采用变频器的多段速运行来控制。变频器的多段速运行信号通过 PLC 的输出端子来提供,即通过 PLC 控制变频器的 RL、RM、RH 以及 STF 端子与 SD 端子的通和断实现。刨床控制台电机控制加速和减速时间由变频器加速减速和第二加速减速参数设置完成。第二种方法采用变频器程序控制速度方法,通过对变频器相关程序运行参数进行设置,可以完成较为复杂的多速段运行。第二种方法比第一种方法简单,但对变频器的性能规格有所要求。本设计中采用第二种方法。

2.变频器参数设定

变频器参数设置如下:

Pr.1——"上限频率",设置为 50Hz;

Pr.2——"下限频率",设置为 0Hz;

Pr.7——"加速时间",设置为 2s;

Pr.8——"减速时间",设置为 2s;

Pr.9——"电动机额定电流";

Pr.79——"操作模式选择",设定值为"5、程序运行模式";

Pr.200——"程序运行时间选择",设置为"0,2:分钟,秒";

Pr.201——"程序运行",设置为"1、20、0∶00";

Pr.202——"程序运行控制",设置为"1、20、0∶15";

Pr.203——"程序运行控制",设置为"1、20、0∶40";

Pr.204——"程序运行控制",设置为"1、20、0∶48";

Pr.205——"程序运行控制",设置为"1、20、0∶56";

Pr.206——"程序运行控制",设置为"1、20、0∶74";

3.变频器—PLC 设计

(1)I/O 输入输出配置

考虑今后扩充余量,选择三菱 FX$_{2N}$-48MR,24 入/24 出,满足需要。I/O 分配见表 9-1。

表 9-1　B2012A 龙门刨床 I/O 分配表

序号	地址	代号	作用	序号	地址	代号	作用
	开关量输入信号				开关量输入信号		
1	X1	SB2	启动按钮	1	Y0	ZJ1	左进输出
2	X2	SQ1	左限开关	2	Y1	ZJ2	右进输出
3	X3	SQ2	右限开关	3	Y2	ZJ3	垂直退刀
4	X4	SQ3	上限开关	4	Y3	ZJ4	垂直进刀
5	X5	SQ4	下限开关	5	Y4	ZJ5	程序开始(STF)
6	X6	SB3	停机按钮	6	Y5	RH	程序组数
7	X7	SB4	手动左进	7	Y6		
8	X10	SB5	手动右进	8	Y7		
9	X11	SB6	手动垂直退刀				

（2）龙门刨床变频器接线图

B2012A 龙门刨床变频器接线图如图 9-3 所示。

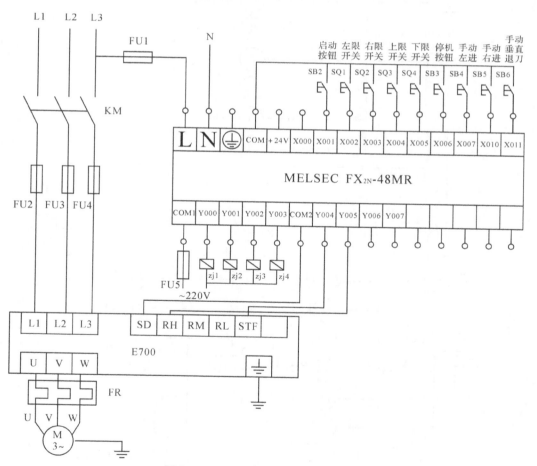

图 9-3　B2012A 龙门刨床 PLC 接线图

（3）PLC 程序设计

工作台控制电路中,有步进、步退、前进、后退、减速、换向等环节。B2012A 龙门刨床工作台 PLC 设计如图 9-4 所示。

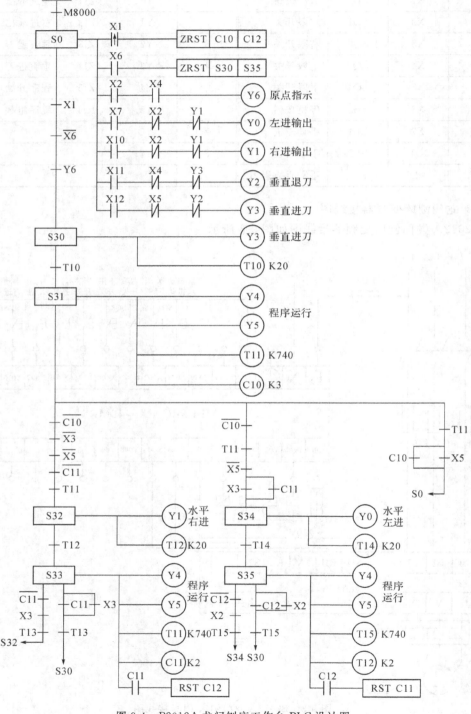

图 9-4　B2012A 龙门刨床工作台 PLC 设计图

3.模拟调试

在变频器—PLC实训装置上进行模拟调试：

（1）通过变频器的操作面板,将上述变频器的参数值设定到变频器中。

（2）将 PLC 梯形图输入程序,然后下载到 PLC 中。

（3）PLC 模拟调试。按系统接线图正确连接好输入设备,进行 PLC 的模拟调试,观察 PLC 的输出指示灯是否按要求指示,否则,检查并修改程序,直至指示正确。

（4）空载调试。将 PLC 与变频器连接好(不接电动机),进行 PLC、变频器的空载联机调试,通过变频器的操作面板观察变频器的输出频率是否符合要求,否则,检查系统接线、变频器参数、PLC 程序,直至变频器按要求运行。

（5）系统调试。按系统接线图正确连接好全部设备,进行系统调试,观察电动机能否按控制要求运行,否则,检查系统接线、变频器参数、PLC 程序,直至电动机按控制要求运行。

（6）变频器、PLC、电机、相关电气元件的接线要求整齐、美观,配线要求紧固、导线要进入线槽。电气控制电路全部安装完毕后,用万用表的电阻检测法进行控制线路安装正确性的自检。注意观察低压电器及电动机的动作情况,出现故障后分析排除,直到试车成功为止。

（7）试车成功后按照正确的断电顺序与拆线顺序进行线路的拆除。

任务评价

课题设计与模拟调试能力评价标准见表9-2。

表 9-2　个人技能评分标准

序号	主要内容	考核要求	评分标准	配分	扣分	得分
1	变频器电路设计	1.根据要就进行变频器主电路设计。 2.根据课题需要正确设置变频器相关参数。	1.主电路功能不完整或不规范扣5～10分。 2.主电路不会设计扣20分。 3.不能正确设置变频器参数,每个参数扣3分。	20		
2	程序输入	1.指令输入熟练正确。 2.程序编辑、传输方法正确。	1.指令输入方法不正确,每提醒一次扣5分。 2.程序编辑方法不正确,每提醒一次扣5分。 3.传输方法不正确,每提醒一次扣5分。	15		
3	系统模拟调试	1.变频器—PLC 外部模拟接线符合功能要求。 2.调试方法合理正确。 3.正确处理调试过程中出现故障。	1.错、漏接线,每处扣5分。 2.调试不熟练,扣5～10分。 3.调试过程原理不清楚,扣5～10分。 4.带电插拔导线,扣5～10分。 5.不能根据故障现象正确采取相应处理方法扣5～20分。	25		
4	通电试车	系统成功调试	1.一次试车不成功扣20分。 2.两次试车不成功扣30分。 3.三次试车不成功扣40分。	40		

续表

序号	主要内容	考核要求	评分标准	配分	扣分	得分
5	安全生产	1.正确遵守安全用电规则，不得损坏电器设备或元件。2.调试完毕后整理好工位。	1.违反安全文明生产规程、损坏电器元件扣5~40分。2.操作完成后工位乱或不整理扣10分。	倒扣		
备注	各项内容最高分不得超过额定配分		合计	100		
额定时间180分	开始时间		结束时间	考评员签字	年 月 日	

知识链接

一、变频器的安装

1.安装的环境与条件

(1)变频器的可靠性与温度。变频器的可靠性在很大程度上取决于温度，由于变频器的错误安装或不合适的固定方式，会使变频器产生温升，从而使周围温度升高，这可能导致变频器出现故障或损坏等意外事故。

(2)周围温度。变频器的周围温度指的是变频器端面附近的温度。配电柜内同变频器一起安装使用的选件、功率改善电抗器及制动单元(包括制动电阻)也会产生热量。在进行配电柜设计时，必须要给予考虑。把变频器散热器安装在配电柜外面，能使柜内产生的热量大大地减少。

(3)配电柜的散热及通风情况。在配电柜内安装变频器时，要注意它和通风扇的位置。配电柜中的两个以上的变频器安放位置不正确时，会使通风效果变差，从而导致周围温度升高。

(4)放电电阻的安装。当使用 BU 制动单元或外部安装高性能制动电阻时，必须采取措施充分地散掉电阻产生的热量。由于电阻器为发热器件，因此要考虑散热技术的应用。在这种情况下，建议在配电柜外面安装放电电阻。

(5)污垢防护结构。为了在容易积聚灰尘和污垢的地方使用变频器，应安装封闭变频器通风口的污垢防护附件，从而使变频器具有污垢防护功能。

1)防灰尘、污垢、油雾：灰尘、污垢将导致触点产生误动作故障。这是由于灰尘、污垢的积聚会引起绝缘性能降低，湿气的吸收导致冷却效果的降低，过滤网阻塞也会使配电柜内温度升高。并且，在功率传导线路上由于灰尘和污垢的积聚也会导致误动作故障，从而使绝缘恶化及短路。

变频器安装在灰尘防护结构配电柜中。如果配电柜温度升高，应采取相应措施。可将强制清洁空气引入配电柜内，提供负压。

2)防腐蚀气体和来源于含盐气体的损坏：如果变频器暴露在腐蚀气体或含盐气体(如海风)中，其线路板、各部件及继电器开关将会受到腐蚀。在这种情况下，应采取防灰尘、防污垢及油雾措施。

（6）易爆、易燃气体。由于变频器不是防爆结构的设备，因而必须安装在防爆配电柜中。

如果变频器在充满易爆气体或灰尘从而可能引起爆炸的场合中使用时，必须要符合规格标准，并通过质量检验。由于配电柜价格昂贵，检验费用也较高，因此变频器最好安装在无危险的场所。

（7）海拔高度。应在海拔高度小于1000m的场合使用变频器，否则，会因空气稀薄而使变频器的冷却效果变差。

（8）振动冲击。变频器的振动能力应符合标准，即在振幅为1mm时，10～55Hz的振动加速度为 $5.9m/s^2$ ，如果振动或冲击小于该特定值，而振动时间很长，机械部件可能会松动或接触器可能产生误动作。

2. 变频器配线

（1）控制电路配线

1）输入端的连接

①触点或集电极开路输入端（与变频器内部线路隔离）：每个功能端

公共母线

同公共端SD相连，由于其流过的电流为低电流（直流4～6mA），低电流的开关或继电器（双触点等）的使用可防止触点故障。

②模拟信号输入端（与变频器内部线路隔离）：该端电缆必须要充分和200V（400V）功率电路电缆分离，不要把它们捆扎在一起。用屏蔽电缆连接，以防止从外部来的噪声。

2）正确连接频率设定电位器。频率设定电位器必须要根据其端子号进行正确连接，否则变频器将不能正确工作。

（2）主电路配线。由于主电路为功率电路，不正确的接线不仅会损坏变频器，而且会给操作者造成危害。

（3）I/O电缆的配线长度。电缆长度由于I/O端子的不同而受到限制。控制信号为光电隔离的输入信号，可改善噪声阻抗，但模拟输入没有隔离。因此，频率设定信号应该小心配线，且提供对应测量，从而使配线最大限度地缩短，以便它们不受外部噪声的影响。当配线长度过长时，可能会出现故障。

（4）BL/制动单元配线。变频器同BU制动单元，制动单元同放电电阻，其间最大配线长度应为5m，如果小于5m、大于2m，请选用双绞线电缆。

二、变频器的调试

1. 通电前的检查

根据接线图在正确实施接线后，通电前应进行下列检查：

（1）外观、构造检查

1）变频器的型号是否有误。

2）安装环境有无问题（如是否存在有害气体、温度、粉尘等）。

3）装置有无脱落、破损的情况。

4）螺钉、螺母是否松动，插接件的插入是否到位。

5）电缆直径、种类是否合适。

6）主回路、控制回路和其他的电气连接有无松动的情况。

7）接地是否可靠。

8）有无下列接线错误。

①输出端子（U、V、W）是否误接了电源线。

②制动单元用端子（P、Q、N）是否误接了制动单元放电电阻以外的线。

③屏蔽线的屏蔽部分是否按使用说明书所述进行了正确的连接。

（2）绝缘电阻表检查

全部外部端子与接地端子间用 500V 绝缘电阻表测是否在 10MΩ 以上，主回路电源电压是否在容许电源电压值以内。

2.单个变频器运行的调试

单个变频器的通电前检查结束，先不接电动机，在给定各项数据后进行运转。

单个变频器调试步骤：

1）将速度给定器左旋到底。

2）投入主回路电源，逆变器电源确认灯（POWER）应点亮。

3）如无异常，将正转信号开关接通，慢慢向右转动速度给定器，转到底时应为最高频率。

4）频率表的校正。

调整频率校正电位器，使频率指令信号电压为 DC 5V 时频率表指示最高频率。

以上的程序如果不能正常工作，可根据使用说明检查。单个变频逆变器运转无问题后，再连接电动机。

3.负载运行的检查

1）确认电动机、机械的状态和安全后，接入主回路电源，看有无异常现象。

2）接通正转信号开关。慢慢向右转动速度给定器，在给定 3Hz 处电动机开始以 3Hz 的频率转动（此时应检查机械的旋转方向，判断是否正确，如果有错则要更改）。再向右转动，频率（转速）就逐渐上升，右旋到底即达最高频率。在加速期间要特别注意电动机、机械有无异常响声、振动等。下一步将速度给定器向左返回，电动机转速下降，给定信号在 3Hz 以下则输出停止，电动机自由停车。

3）速度给定器右旋到底保持不变，接通正转信号开关，电动机转速以加速度时间给定标度盘上给定的时间上升，并在最高频率上保持转速不变。如果在加速过程中过载指示灯闪亮，或者过载电流指示灯闪亮，则说明存在相对于负载的大小加减速时间给定过短的情况，应把加减速时间重新给定长些。

4）在电动机旋转中关断正转信号开关，则电动机转速以加减速时间给定标度盘上给定的时间下降，最后停止。如果在减速中过载指示灯闪亮，或者再生过压指示灯亮，则说明相对于负载的大小加减速时间给定过短，应将加减速时间重新给定长些。

5）在电动机运行中即使改变加减速时间的给定，由于以前的给定状态被记忆，所以给定也不能变更，因此要在电动机停止后改变给定值。

三、变频器的基本维护

在变频器日常维护过程中经常会遇到各种各样的问题，如外围线路问题、参数设定不良或机械故障。如果是变频器出现故障,如何去判断是哪一部分问题,在这里略作介绍。

1.基本故障判断

(1)整流模块损坏。这一般是由于电网电压或内部短路引起的。在排除内部短路情况后,更换整流桥。在现场处理故障时,应重点检查用户电网情况,如电网电压、有无电焊机等对电网有污染的设备等。

(2)逆变模块损坏。这一般是由于电机或电缆损坏及驱动电路故障引起。在修复驱动电路之后,在测定驱动波形良好的状态下,更换模块。在现场服务中更换驱动板之后,还必须注意检查马达及连接电缆。在确定无任何故障后,运行变频器。

(3)上电无显示。这一般是由于开关电源损坏或软充电电路损坏使直流电路无直流电引起的,如启动电阻损坏。不过,也有可能是由于面板损坏。

(4)上电后显示过电压或欠电压。这一般由于输入缺相、电路老化及电路板受潮引起。找出其电压检测电路及检测点,更换损坏的器件。

(5)上电后显示过电流或接地短路。这一般是由于电流检测电路损坏,如霍尔元件、运放等。

(6)启动显示过电流。这一般是由于驱动电路或逆变模块损坏引起的。

(7)空载输出电压正常,带载后显示过载或过电流。该种情况一般是由于参数设置不当或驱动电路老化、模块损伤引起的。

2.故障处理方法

变频器的过电流保护的对象主要针对带有突变性质的、电流的峰值超过了变频器的容许值的情况。由于逆变器件的过载能力较差,所以变频器的过电流保护是至关重要的一环。

处理方法如下:

(1)启动时一升速就跳闸,这是过电流十分严重的现象,主要检查以下部件:

1)工作机械有没有卡住。

2)负载侧有没有短路。可用兆欧表检查对地有没有短路。

3)变频器功率模块有没有损坏。

4)电动机的启动转矩过小,拖动系统转不起来。

(2)启动时不马上跳闸,而在运行过程中跳闸,主要检查以下内容:

1)升速时间可能设定太短,可加长加速时间。

2)减速时间可能设定太短,可加长减速时间。

3)转矩补偿(U/f 比)是否设定太大,从而引起低频时空载电流过大。

4)电子热继电器整定不当,动作电流设定得太小,引起变频器误动作。

变频器维护

3.大功率模块损坏

大功率模块损坏的原因可能是多种多样的。如电动机短路、对地绝缘不好、电机堵转及外部电源电压过高等都有可能造成变频器大功率模块的损坏。在实际维修中更换大功率模块时一定要确定驱动电路是正常工作的,否则更换后很容易引起大功率模块的再次损坏。另外也要了解 GTR 模块和 IGBT 模块驱动电路的区别,这两种功率模块前者为电流驱动,后者则是电压驱动。

此外,现在的一些欧美变频器在设计上将高频隔离变压器加入了驱动电路中,通过一些高额的变压器对驱动电路的电源及信号的隔离,增强了驱动电路的可靠性,同时也有效地防止了强电部分的电路出现故障时对弱电电路的损坏。在实际的维修中这种驱动电路故障率很低,大功率模块也极少出现问题。

4.驱动电路

驱动电路在变频器的逆变环节中起着至关重要的作用。驱动电路只是一个统称,随着技术的不断发展,驱动电路本身也经历了插脚式的驱动电路、光耦驱动电路、厚膜驱动电路以及比较新的集成驱动电路的发展过程。其中,插脚式的驱动电路、光耦驱动电路、厚膜驱动电路在维修中还是经常能遇到的。

造成驱动损坏的原因有各种各样的,一般来说出现的问题也无非是 u,v,w 三相无输出,或者输出不平衡,再或者输出平衡但却在低频的时候抖动,还有启动报警等。

通常,变频器大电容后的快熔开路或者是 IGBT 逆变模块损坏都是在非常极端的情况下发生的,驱动电路多半会在这种极端的情况下受损。发生快熔开路或者是 IGBT 逆变模块损坏时,切不可急于换上好的快熔或者 1GBT 逆变模块,这样很容易再次损坏好的器件。

4.整流电路

整流电路的功能是把交流电源转换成直流电源。小型变频器上的整流电路一般都是单独的一块整流模块,也有不少整流电路与逆变电路二者合一的模块。

整流模块损坏是变频器的常见故障。在静态中通过万用表电阻挡正反向的测量来判断整流模块是否损坏,当然还可以用电压表来测试。

对于上半桥为晶闸管下半桥为二极管的整流电路,可用简易方法判断晶闸管的好坏。在控制极加上直流电压(10V 左右)看它正向能否导通,这样基本上能判断出晶闸管的好坏。

5.逆变电路

逆变电路同整流电路相反,逆变电路是将直流电压变换为可以变频的交流电压。

逆变电路通常指的就是 IGBT 逆变模块,IGBT 模块损坏也是变频器常见的故障。

测量耐压值可用晶体管参数测试仪,但是要短接触发端 G—E 才能测 C—E 的耐压值。IGBT 模块损坏,大多情况下会损坏驱动元器件。最容易损坏的器件是稳压管及光耦。反之如果驱动电路的元件有问题,如电容漏液、击穿、光耦老化,也会导致 IGBT 模块烧坏或变频输出电压不平衡。检查驱动电路是否有问题,可在没通电时比较一下各路触发端电阻是否一致。通电开机可测量触发端的电压波形。但是有的变频器不装模块开不了机,这时在模块 P 端串入假负载似防止检查时误碰触发端或其他线路而烧坏模块。

6.滤波电路

可对滤波电容进行容量与耐压的测试。还可以观察电容上的安全阀是否爆开,有没有漏液现象,以此来判断它的好坏。

四、分析较为复杂电气线路图方法

1.电气控制分析的依据

分析设备电气控制的依据是设备本身的基本结构、运行情况、加工工艺要求和电力拖动自动控制的要求。也就是要熟悉了解控制对象,掌握其控制要求,这样分析起来才有针对性。

2.电气控制分析的内容

通过对各种技术资料的分析,掌握电气控制电路的工作原理、操作方法、维护要求等。

（1）设备说明书

设备说明书由机械、液压部分与电气两部分组成,阅读这两部分说明书,定重点掌握以下内容:

触电急救

1）设备的构造,主要技术指标,机械、液压、气动部分的传动方式与工作原理。

2）电气传动方式,电机及执行电器的数目、规格型号、安装位置、用途与控制要求。

3）了解设备的使用方法、操作手柄、开关、按钮、指示信号装置及其在控制电路中的作用。

4）必须清楚地了解与机械、液压部分直接关联的电器,如行程开关、电磁阀、电磁离合器、传感器、压力继电器、微动开关等的位置,工作状态以及与机械、液压部分的关系在控制中的作用。特别应了解机械操作手柄与电器开关元件之间的关系、液压系统与电气控制的关系。

（2）电气控制原理图

这是电气控制电路分析的中心内容。电气控制原理图由主电路、控制电路、辅助电路、保护与联锁环节以及特殊控制电路等部分组成。

在分析电气原理图时,必须与阅读其他技术资料结合起来,根据电动机及执行元件的控制方式、位置及作用,各种与机械有关的行程开关、主令电器的状态来理解电气工作原理。在分析电气原理图时,还可通过设备说明书提供的电器元件一览表来查阅电器元件的技术参数,进而分析出电气控制电路的主要参数,估计出各部分的电流、电压值,以使在调试检修中合理使用仪表进行检测。

（3）电气设备的总装接线图

阅读分析电气设备的总装接线图,可以了解系统的组成分布情况、各部分的连接方式、主要电气部件的布置、安装要求、导线和导线管的规格型号等,以期对设备的电气安装有个清晰的了解,这是电气安装必不可少的资料。

（4）电器元件布置图与接线图

这是制造、安装、调试和维护电气设备必需的技术资料。在测试、检修中可通过布置图和接线图迅速、方便地找到各电器元件的测试点,进行必要的检修、调试和维修。

3.电气原理图的阅读分析方法

电气原理图阅读分析的基本原则是“先机后电、先主后辅、化整为零、集零为整、统观全局、总结特点”。最常用的方法是查线分析法。即以某一电动机或电器元件线圈为对象,从上而下,自左至右,逐一分析其接通断开关系,并区分出主令信号、联锁条件等。根据图区坐标标注的检索和控制流程的方法分析出各种控制条件与输出结果关系。

（1）先机后电

首先了解设备的基本结构、运行情况、工艺要求、操作方法,以期对设备了解,进而明确设备对电力拖动自动控制的要求,为阅读和分析电路作好前期准备。

（2）先主后辅

先阅读主电路,看设备由几台电动机拖动,各台电动机的作用如何,可结合工艺分析各台电动机的起动、转向、调速、制动等的控制要求及其保护环节。而主电路是由各控制电路实现的,此时要运用化整为零去阅读分析控制电路。最后再分析辅助电路。

(3)化整为零

在分析控制电路时,将控制电路功能分为若干个局部控制电路,从电源开始,经过逻辑判断,写出控制流程,用简便明了的方式表达出电路的自动工作辅助电路,辅助电路包括信号电路、检测电路与照明电路等。这部分电路起辅助作用而不影响主要功能,这部分电路大多是由控制电路中的元件来控制的。

(4)集零为整、统观全局

经过"化整为零"逐步分析每一局部电路的工作原理之后,必须用"集零为整"的办法来"统观全局",看清各局部电路之间的控制关系、联锁关系,了解各种保护环节的设置等,以期对整个电蹈有清晰的理解,对电路中的每个电器中的每一对触头的作用了如指掌。

(5)总结特点

各种设备的电气控制虽然都是由各种基本控制环节组合而成的,但其整机都有各自的特点,这也是各种设备电气控制的区别所在,应给予总结,才能加深对电气设备控制的了解。

思考与练习

1.对本任务中如图 9-2 所示的刨床多速段控制工艺,要求采用变频器的多段速运行来控制,即通过 PLC 的输出端子来提供控制信号,即通过 PLC 控制变频器的 RL、RM、RH 以及 STF 端子与 SD 端子的通和断来实现。刨床控制台电机控制加速和减速时间由变频器加速减速和第二加速减速参数设置完成。对本设计完成变频器参数设置、变频器—PLC 接线、编程、调试任务。与本任务中变频器程序控制多速段方法进行比较,比较各自的优缺点。

2.变频器在电气控制改造设计中应注意哪些方面?

任务十　变频调速在桥式起重机控制中的应用

1. 了解桥式起重机的工作原理。
2. 掌握变频调速电机和变频器容量的选择。
3. 掌握变频多速段频率设置与计算方法。
4. 了解变频器制动单元功能。

　　桥式起重机作为物料搬运系统中一种典型设备,在企业生产活动中应用广泛,作用显著,故其对于提高其运行效率、确保运行安全、降低物料搬运成本是十分重要。桥式起重机一般由大车、小车、主起升机构(主钩)、副起升机构(副钩)、操纵室等部分组成,如图 10-1 所示。

1—主钩;2—副钩;3—大车;4—小车;5—操纵室
图 10-1　桥式起重机的实例图

　　传统桥式起重机的控制系统主要采用交流绕线转子串电阻的方法进行启动和调速,采用的是继电—接触器控制。这种控制系统的主要缺点有:
　　(1)桥式起重机工作环境差,工作任务重,电动机以及所串电阻烧损和断裂故障时有发生。
　　(2)继电—接触器控制系统可靠性差,操作复杂,故障率高。

(3)转子串电阻调速,机械特性软,负载变化时转速也变化,调速不理想。所串电阻长期发热,电能浪费大,效率低。

要从根本上解决这些问题,只有彻底改变传统的控制方式。其中,具有代表性的交流变频调速装置和可编程控制器获得了广泛的应用。本任务根据桥式起重机的运行特点,将变频器结合应用于桥式起重机控制系统,可大大提高操作精度和稳定度,具有可靠性好、高品质的调速性能、节能效益显著的特性,在起重运输机械行业中具有广泛的发展前景。考虑本任务的实际复杂程度,只对桥式起重机主钩进行控制设计。控制要求如下:

(1)该机的起升重量为 20/5 吨,电机额定转速 1500 转/min,电机齿轮传动比为 80∶1,提升圆筒每圈运行 0.5m。

(2)主钩速度控制,要求大车主钩起升速度为 7.5m/min、5m/min、2m/min、1m/min,上升 4 挡,下降 4 挡。

(3)主钩电机和变频器容量选择。

(4)主钩变频器制动单元设计。

(5)起升机构要求正反转运行有必要的安全保护,要有超载、限位、限流等多种保护。

任务实施

一、预习内容

仔细阅读知识链接中有关变频器设计的相关工作原理。

二、训练器材

(1)变频器—PLC 实训装置 1 套。

(2)电动机 1 台。

(3)电工常用工具 1 套。

(4)开关、导线等若干。

三、实施步骤

1.任务分析

变频器的选择应以选择变频器的额定电流为基准,一般以电动机的额定电流、负载率、变频器运行的效率为依据。控制方式选用带 PG 的矢量控制方式。速度控制采用变频器多速段控制。变频器频率选择需要根据电机额定转速、齿轮传动比、提升速度要求进行计算。

起升机构中要有机械制动器。起重用变频器具有零速全转矩功能(即零速时电动机仍能输出 150% 的额定转矩,使重物停在空中),但是若重物停在空中时出现电源瞬间停电等情况,就会有重物下滑的危险,因此,电动机轴上必须加装制动器。常用的有电磁铁制动器和液压电磁制动器等。

主钩电动机运行状态有电动、倒拉反接或再生制动状态。起重机放下重物时,由于重力加速度的原因电动机将处于再生制动状态,拖动系统的动能要反馈到变频器直流电路中,使直流电压不断上升,甚至达到危险的地步。因此,必须将再生到直流电路的能量消耗掉,使直流电压保持在允许范围内。

2.起重机电机、变频器选择

(1)起重机主钩电机选择

采用变频调速时,由于变频器输出波形中高次谐波的影响以及电机转速范围的扩大产生了一些与在工频电源下传动时不同的特征。起重机起升和运行机构的调速比一般不大于1:20,且为断续工作制,通常接电持续率在60%以下,负载多为大惯量系统。起重机运行机构的转动惯量较大,为了加速电机需有较大的起动转矩,故电机容量需由负载功率及加速功率两部分组成。为使电机提升1.25倍试验载荷,能承受电压波动的影响,其最大转矩值必须大于2。通过相关公式的计算,选用桥式起重机主钩电机容量为30kW,电机参考型号为YZR250M1-8。

(2)变频器容量选择

提升机构平均起动转距一般来说可为额定力矩值的1.3～1.6倍。考虑到电源电压波动因素及需通过125%超载试验要求等因素,其最大转距必须有1.8～2倍的负载力矩值,以确保其安全使用的要求。

等额变频器仅能提供小于150%超载力矩值,为此可通过提高变频器容量或同时提高变频器和电机容量(Y型电机)来获得200%力矩值。此时变频器容量应满足:

$$1.5P_{CN} \geqslant \frac{K}{\eta_M \cos\varphi} P \text{ (KVA)} \tag{10-1}$$

式中:$\cos\varphi$为电机的功率因数,$\cos\varphi=0.25$;P为提升额定负载所需功率(kW);η_M为电机效率,$\eta_M=0.85$;P_{CN}为变频器容量(kVA);K为系数,$K=2$。

提升机构变频器容量依据负载功率计算,并考虑2倍的安全力矩。若用在电机额定功率选定的基础上提高一挡的方法选择变频器的容量,则可能会造成不必要的放容损失。在变频器功率选定的基础上再作电流验证,公式如下:

$$I_{CN} > I_M \tag{10-2}$$

式中:I_{CN}为变频器额定电流,单位为A;I_M为电机额定电流,单位为A。

通过相关公式的计算,在变频器功率选定的基础上再作电流验证,选用桥式起重机主钩变频器容量为37kW。

3.制动单元设计

为了减小大惯性系统的减速时间,解决变频器直流电路上的过电压问题,常在其直流电路中加接一检测直流电压的晶体管。一旦直流回路电压超过一定的界限,该晶体管导通,并将过剩的电能通过与之相接的制动电阻器转化为热能耗。在能量消耗的同时加速了转速的减小。该能量消耗得愈多,制动时间愈小,此装置即为变频器的制动单元。制动电阻器借助制动单元,消耗电机发电制动状态下从动能转换来的能量。

借助制动单元,消耗电机发电制动状态下从动能转换来的能量。电阻值的计算采用下面公式:

$$R_{BO} = \frac{U_c^2}{1.047(T_R - 0.2T_M)n} \tag{10-3}$$

式中:U_c为直流回路电压(V);T_R为制动转矩(N·m);T_M为电机额定转矩(在附加电阻制动的情况下,电机自损耗约为电机额定功率的20%左右)(N·m);n为电机额定转速(在附加电阻制动的情况下,电机额定转速)(r/min)。

4. 设置变频器参数设置

(1)多速段频率设定

电机额定转速 1500 转/min，根据 $n = 60f/p$，则：

$$f = \frac{n \times p}{60} = \frac{1500 \times 2}{60} = 50(\text{Hz})$$

当主钩起升速度为 7.5m/min 时，提升圆筒每圈运行 0.5m，那么提升圆筒每分钟运行转数为

$$n_1 = \frac{7.5}{0.5} = 15(\text{r})$$

考虑齿轮传动比，则电机需要运行速度为

$$n_2 = 15 \times 80 = 1200(\text{r/min})$$

则变频器频率 f_1 为

$$1500 : 50 = 1200 : f_1$$

$$f_1 = 40\text{Hz}$$

故设置 Pr.24＝40Hz。

同理可设置其他三挡变频器参数：

Pr.4＝26.70Hz(对应 5m/min)；

Pr.5＝10.7Hz(对应 2m/min)；

Pr.6＝5.3Hz(对应 1m/min)。

(2)其他参数设定

Pr.1——"上限频率"，设置为 50Hz；

Pr.2——"下限频率"，设置为 0Hz；

Pr.7——"加速时间"，设置为 0.4s；

Pr.8——"减速时间"，设置为 0.4s；

Pr.9——电子过电流保护、电动机的额定电流；

Pr.38——"5V(10V)输入时频率"(某些变频器型号为 Pr.125)；

Pr.73——"0～5 V/0～10 V 选择"；

Pr.79——"操作模式选择"，设定值为"2、外部信号输入"。

5. 变频器—PLC 控制设计

(1)主机 I/O 输入输出配置表

I/O 分配见表 10-1。

表 10-1　起重机变频器—PLC 控制 I/O 分配表

开关量输入信号				开关量输入信号			
序号	地址	代号	作用	序号	地址	代号	作用
1	X0	SB1	启动	1	Y0	RH	1 挡速度
2	X1	SB2	停止	2	Y1	RM	2 挡速度
3	X2	SB3	升降选择	3	Y2	RL	3 挡速度

开关量输入信号				开关量输入信号			
序号	地址	代号	作用	序号	地址	代号	作用
4	X3	SB4	1挡	4	Y4	STF	正转(上升)
5	X4	SB5	2挡	5	Y5	STR	反转(下降)
6	X5	SB6	3挡	6	Y6	MRS	紧急停止
7	X6	SB7	4挡	7	Y10	L1	通电指示
8	X7	MRS	紧急停止	8	Y11	L2	运行指示
9	X10	SQ1	上限位	9	Y12	KM1	主电路控制
10	X11	SQ2	下限位	10	Y13	L3	报警指示
11	X12	SQA	驾驶室门				
12	X13	SQB	横梁栏杆门				

（2）变频器电路设计

选用三菱 FX2N-32MR PLC 为中心控制器，变频器电路设计如图 10-2 所示。

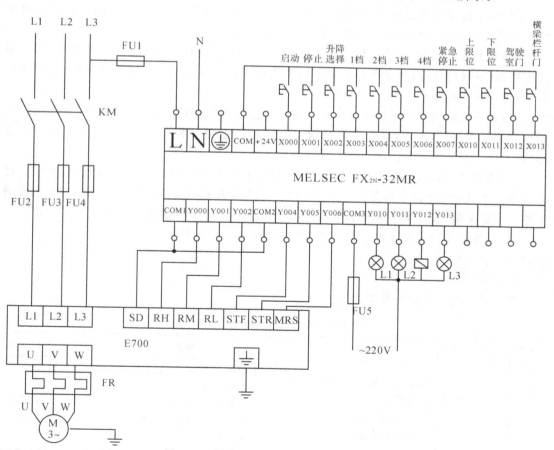

图 10-2　桥式起重机变频器—PLC 接线图

（3）程序设计

桥式起重机主钩工作过程在驾驶室门及横梁栏杆门关好后位置开关 SQa、SQb、SQc 闭合。在紧急开关 SB2 等符合要求的情况下，速度选择开关置于零位。按下起动按钮 SB1，接触器 KM 通电吸合，三相电源接通。当速度选择开关置于正转速度 1 时，三相交流电和电动机接通，1 挡速度起动。当速度选择开关置于正转速度 2 时，2 挡速度运行。桥式起重机主钩正反向均有 4 挡速度，其余与此类似。速度选择开关置于零位或由于停电，电动机会停止运行。为防止因停电、变频器跳闸等使拖动负载快速下降，出现危险，仍设置机械制动装置。

当发生紧急情况时，可立即拉开紧急开关，一方面机械制动将所有电动机制动，另一方面令变频器紧急停机，变频器将使电动机迅速停车。当电动机过载时，可使热继电器的触点 FR 接通变频器的外接保护控制端，使变频器停止工作。位置开关 SQ1 和 SQ2 装在小车两头，当小车行走到终端时，两端的挡块撞上位置开关，切断小车电路，小车电动机停车制动。

桥式起重机程序设计请同学自行完成。

6. 模拟调速

在变频器—PLC 实训装置上进行模拟调试。上机模拟调试时应注意以下几点：

（1）通过变频器的操作面板，将上述变频器的参数值设定到变频器中。

（2）按系统接线图正确连接好输入设备，进行模拟调试。调试时观察 PLC 的输出指示灯是否按要求指示，否则，检查并修改程序，直至指示正确。

（3）将 PLC 与变频器连接好（不接电动机）后，先进行 PLC、变频器的空载联机调试，通过变频器的操作面板观察变频器的输出频率是否符合要求，否则，检查系统接线、变频器参数、直至变频器按要求运行。

（4）按系统接线图正确连接好全部设备后可进行系统调试。调试时观察提升电动机能否按控制要求运行，否则，检查系统接线、变频器参数、PLC 程序，直至电动机按控制要求运行。

（5）变频器、PLC、电机、相关电气元件的接线要求整齐、美观，配线要求紧固，导线要进入线槽。电气控制电路全部安装完毕后，用万用表的电阻检测法进行控制线路安装正确性的自检。注意观察低压电器及电动机的动作情况，出现故障后分析排除，直到试车成功为止。

（6）试车成功后按照正确的断电顺序与拆线顺序进行线路的拆除。

任务评价

课题设计能力评价标准如表 10-2 所示。

表 10-2　课题设计能力评价标准表

序号	主要内容	考核要求	评分标准	配分	扣分	得分
1	变频器电路设计	1.根据要就进行变频器主电路设计 2.根据课题需要正确设置变频器相关参数	1.主电路功能不完整或不规范扣 5～10 分 2.主电路不会设计扣 20 分 3.不能正确设置变频器参数，每个参数扣 3 分	20		

序号	主要内容	考核要求	评分标准	配分	扣分	得分
2	程序输入	1.指令输入熟练正确 2.程序编辑、传输方法正确	1.指令输入方法不正确,每提醒一次扣5分 2.程序编辑方法不正确,每提醒一次扣5分 3.传输方法不正确,每提醒一次扣5分	15		
3	系统模拟调试	1.变频器—PLC外部模拟接线符合功能要求 2.调试方法合理正确 3.正确处理调试过程中出现故障	1.错、漏接线,每处扣5分 2.调试不熟练,扣5~10分 3.调试过程原理不清楚,扣5~10分 4.带电插拔导线,扣5~10分 5.不能根据故障现象正确采取相应处理方法扣5~20分	25		
4	通电试车	系统成功调试	1.一次试车不成功扣20分 2.二次试车不成功扣30分 3.三次试车不成功扣40分	40		
5	安全生产	1.正确遵守安全用电规则,不得损坏电器设备或元件。 2.调试完毕后整理好工位。	1.违反安全文明生产规程、损坏电器元件扣5~40分 2.操作完成后工位乱或不整理扣10分	倒扣		
备注	各项内容最高分不得超过额定配分		合计	100		

额定时间 180分钟	开始时间		结束时间		考评员签字	年　　月　　日

知识链接

一、变频器的选择

变频器发展十分迅速,应用日渐广泛,利用变频器传动异步电动机所构成的调速控制系统越来越发挥出巨大的作用。由于应用领域十分广阔,生产厂家为了争取和占领市场,展开了技术上的竞争。近十几年来国内外各大公司的产品都几经改型换代,使变频器的性能和功能不断地提高和充实。由于市场上变频器种类繁多,如何进行选择就成了必须掌握的基本知识。下面从用途、电压、容量三方面就如何用最少的钱选择最适用的变频器进行叙述。

1.根据使用变频器的用途目的来选择不同类型的变频器

变频器在工业、农业、交通以及居民生活领域都已普遍采用,并达到了不同的设计目的,取得了相应的效益。主要效益表现在节能、提高生产率、提高产品性能、提高生产线的自动化和改善适用环境等方面。如果只是为了实现水泵、风机空载时达到节能的目的就可选用简易型的变频器;如果为了产品质量要求系统的动态响应快,就要选择高性能的具有矢量控制功能的变频器;如果使用环境中存在危险气体,还要选择防爆变频器。目前各厂家的各类型变频器的功能都基本类似,选择功能齐全的变频器,只要改变变频器的参数都能满足不同的要求。不过建议还是从实际出发,选择满足要求的变频器即可,不需要一味追求性能完美、功能齐全、价格昂贵的变频器,这样做的目的一方面是为了节约资金,另一方面故障的发生率也较低。

变频器常用故障

2. 根据使用电压来选择变频器

从整体上来讲,变频器分低压变频器和高压变频器。低压变频器分为单相220V、三相380V、三相660V、三相1140V。高压(国际上称作中压)变频器分为3kV、6kV和10kV三种。如果采用共用直流母线逆变器,则要选择直流电压,其等级有24V、48V、110V、200V、500V、1000V等。

3. 根据电动机电流选择变频器容量

采用变频器驱动异步电动机调速时,在异步电动机确定后,通常应根据异步电动机的额定电流来选择变频器,或者根据异步电动机实际运行中的电流值(最大值)来选择变频器。

(1)连续运行的场合

由于变频器供给电动机的是脉动电流,其脉动值比工频供电时的电流要大,因此必须将变频器的容量留有适当的裕量。

一般令变频器的额定输出电流大于等于(1.05~1.1)倍的电动机额定电流(铭牌值)或电动机实际运行中的最大电流,即

$$I_{1NV} \geqslant (1.05 \sim 1.1)I_N \ \text{或} \ I_{1NV} \geqslant (1.05 \sim 1.1)I_{max} \tag{10-4}$$

式中:I_{1NV} 为变频器额定输出电流(A);I_N 为电动机额定电流(A);I_{max} 为电动机实际最大电流(A)。

如果按电动机实际运行中的最大电流来选定变频器时,变频器的容量可以适当减小。

(2)加减速时变频器容量的选定

变频器的最大输出转矩是由变频器的最大输出电流决定的。一般情况下,对于短时间的加减速而言,变频器允许达到额定输出电流的130%~150%(依变频器容量而定)。因此,在短时加减速时的输出转矩也可以增大。反之,如果只需要较小的加减速转矩时,也可降低选择变频器的容量。由于电流的脉动原因,此时应将变频器的最大输出电流降低10%以后再进行选定。

(3)频繁加减速运转时变频器容量的选定

如果是频繁加减速运行,可根据加减速、恒速等各种运行状态下的电流值,按下式进行选定:

$$I_{1NV} = K_0 \frac{I_1 t_1 + I_2 t_2 + \cdots + I_n t_n}{t_1 + t_2 + \cdots + t_n} \tag{10-5}$$

式中:I_{1NV} 为变频器额定输出电流(A);I_1、I_2 为各运行状态下的平均电流(A);K_0 为安全系数(运行频繁时 K_0 取1.2,一般 K_0 取1.1)。

(4)电流变化不规则的场合

在运行中,如果电动机电流不规则变化,此时不易获得运行特性曲线。这时可根据使电动机在输出最大转矩时的电流限制在变频器的额定输出电流内的原则选择变频器容量。

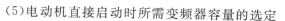

（5）电动机直接启动时所需变频器容量的选定

通常，三相异步电动机直接用工频启动时启动电流为其额定电流的5～7倍。直接启动时按下式选取变频器的额定输出电流：

$$I_{1NV} \geqslant \frac{I_K}{K_g} \qquad (10\text{-}6)$$

式中：I_K 为在额定电压、额定频率下电动机启动时的堵转电流（A）；K_g 为变频器的允许过载倍数，$K_g = 1.3 \sim 1.5$。

（6）多台电动机共用一台变频器供电

当多台电动机共用一台变频器供电时上述（1）～（5）仍适用，但还应考虑以下几点：

1）在电动机总功率相等的情况下，由多台小功率电动机组成的一方，比由台数少但电动机功率较大的一方电动机效率低，因此两者电流总值并不相等。可根据各电动机的电流总值来选择变频器。

2）有多台电动机依次进行直接启动，到最后一台电动机启动时，其启动条件最不利。

3）在确定软启动、软停止时，一定要按启动最慢的那台电动机进行设定。

4）如果有一部分电动机直接启动时，可按下式进行计算：

$$I_{1NV} \geqslant \frac{N_2 I_K + (N_1 + N_2) I_N}{K_g} \qquad (10\text{-}7)$$

式中：N_1 为电动机总台数；N_2 为直接启动的电动机的台数；I_K 为电动机直接启动时的堵转电流（A）；I_N 为电动机额定电流（A）；K_0 为变频器允许过载倍数，$K = 1.3 \sim 1.5$；I_{1NV} 为变频器额定输出电流（A）。

4. 选择容量时注意事项

（1）并联追加投入启动

用一台变频器使多台电动机并联运转时，如果所有电动机同时启动加速，可按上一小节第（6）点内容选择容量。但是对于一小部分电动机开始启动后再追加启动其他电动机的场合，此时变频器的电压、频率已经上升，变频器的额定输出电流可按下式确定：

$$I_{1NV} \geqslant \sum^{N_1} K I_m + \sum^{N_2} I_{ms} \qquad (10\text{-}8)$$

式中：I_{1NV} 为变频器额定输出电流（A）；N_1 为先启动的电动机台数；N_2 为追加投入启动的电动机台数；I_m 为先启动的电动机的额定电流（A）；I_{ms} 为追加启动电动机的启动电流（A）；K 为安全系数（一般 K 取 1.2）。

（2）过载容量

根据负载的种类往往需要过载容量大的变频器。但通用变频器过载容量通常多为125%、60s 或 150%、60s，需要超过此值的过载容量时，必将增大变频器的容量。例如，对于150%、60s 的变频器要求200%的过载容量时，必须按式（10-4）计算出的额定电流的1.33倍选择变频器容量。

（3）轻载电动机

电动机的实际负载比电动机的额定输出功率小时，可选择与实际负载相称的变频器容量。但对于通用变频器，即使实际负载小，如果选择的变频器容量比按电动机额定功率选择的变频器容量小，其效果并不理想。

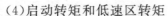
（4）启动转矩和低速区转矩

电动机使用通用变频器启动时，其启动转矩与用工频电源启动时相比，多数变小。根据负载的启动转矩特性有时电动机不能启动。另外，在低速运转区的转矩通常比额定转矩小。若选用的变频器和电动机不能满足负载所要求的启动转矩和低速转矩时，变频器和电动机的容量还需要再加大。例如，在低速运转区某一速度下，如果需要输出变频器和电动机的额定转矩的70%，而输出转矩特性曲线只能得到50%的转矩，则变频器和电动机的容量要重新选择，应为最初选定容量的1.4(70/50)倍以上。

（5）输出电压

变频器输出电压可按电动机额定电压选定。按国家标准，变频器可分成220V系列和400V系列两种。对于3kV的高电压电动机使用400V等级的变频器，可在变频器的输入侧装设输入变压器，在输出侧安装输出变压器，将3kV先降为400V，再将变频器的输出升到3kV。

（6）输出频率

变频器的最高输出频率根据机种的不同而有很大的不同，有50Hz、60Hz、120Hz、240Hz或更高。50Hz/60Hz通常在额定速度以下范围进行调速运转，大容量的通用变频器大多为这类。最高输出频率超过工频的变频器多为小容量，在50Hz/60Hz以上区域，由于输出电压不变，为恒功率特性。要注意变频器在高速区转矩的减小。但是车床等机床可根据工件的直径和材料改变速度，在恒功率的范围内使用。轻载时采用高速可以提高生产率，但要注意不要超过电动机和负载的容许最高速度。

位置信号检测

综合以上各点，可根据变频器的使用目的所确定的最高输出频率来选择变频器。

（7）保护结构

变频器内部产生的热量大，考虑到散热的经济性，除小容量变频器外几乎都是开启式结构，采用风扇进行强制冷却。变频器设置场所在室外或周围环境恶劣时，最好装在独立盘上，采用具有冷却用热交换装置的全封闭式结构。

对于小容量变频器，在粉尘、油雾多的环境或者棉绒多的纺织厂也可采用全封闭式结构。

（8）V/f 模式

V/f 模式作为变频器独特的输出特性，用于表示随输出频率（f）改变的输出电压（V）的变化特性。控制 V/f 模式可使电动机产生与负载转矩特性相适应的转矩，从而可高效率地利用电动机。

（9）电网与变频器的切换

把用工频电网运转中的电动机切换到变频器运转时，一旦断开工频电网，必须等电动机完全停止以后再切换到变频器侧启动。但从电网切换到变频器时，对于无论如何也不能一下子完成停止的设备，需要选择具有不使电动机停止就能切换到变频器侧的控制装置（选用件）的机种。这种控制装置可使电动机从电网切换与变频器同步，然后再使变频器输出功率。

（10）瞬时停电再启动

发生瞬时停电使变频器停止工作后，一旦恢复通电变频器也不能马上开始工作，需要等电动机完全停止后再启动。这是因为变频器再次开机时如果频率不适当，会引起过电压、过电流保护动作,造成故障而停止。但是对于生产流水线等,由于设备上的关系,有时会因瞬间停电而使由变频器传动的电动机停转而影响生产,此时,应选择在电动机瞬间停电中有自行开始工作的控制装置的变频器。

二、变频起重机系统中电机的选型

起重机起升和运行机构的调速比一般不大于 $1:20$,且为断续工作制,通常接电持续率在 60% 以下,负载多为大惯量系统。严格意义上的变频电机转动惯量较小,响应较快,可工作在比额定转速高出很多的工况条件下,这些特性均非起重机的特定要求。普通电机与变频电机在不连续工作状态下特性基本一致;在连续工作时考虑到冷却效果限制了普通电机转矩应用值。普通电机仅在连续工作时的变频驱动特性比变频电机稍差。

起重机运行机构的转动惯量较大,为了加速电机需有较大的起动转矩,故电机容量需由负载功率 P_j 及加速功率 P_a 两部分组成。一般情况下 $P_a > P_j$,则电机容量 P 为

$$P \geqslant \frac{P_j + P_a}{\lambda_{ms}} \tag{10-9}$$

式中:λ_{ms} 为电机平均起动起动转矩倍数。

若起重机起升机构的负荷特点是起动时间短($1 \sim 3s$),只占等速运动时间的较少比例,转动惯量较少,占额定起升转矩的 $10\% \sim 20\%$,则其电机容量 P 为

$$P = \frac{C_p g v}{1000 \eta} (\text{kW}) \tag{10-10}$$

式中:C_p 为起重机额定提升负载(kg);v 为额定起升速度(m/s);g 为重力加速度,$g = 9.81 \text{m/s}$;η 为机构总效率。

为了使电机提升 1.25 倍试验载荷,能承受电压波动的影响,其最大转矩值必须大于 2,否则必须让电机放容,从而降低电机在额定运行时的工作效率。

三、其他电气设备的选用

1. 变压器

如果需要变压器,则根据变频器的要求及相关的电力规范选配。

2. 熔断器

如果需要熔断器,应选速熔类,选择为 $2.5 \sim 4$ 倍额定变频器电流,最好用断路器。

3. 空开(断路器)

断路器一般按 $1.2 \sim 1.5$ 倍的变频器额定电流来选择。

4. 接触器

接触器一般按 $1.2 \sim 1.5$ 倍的变频器额定电流或电动机功率来选择。

5. 防雷浪涌器

对于特别雷暴多发区以及交流电源尖峰浪涌多发场合最好选用防雷浪涌器,从而可保护变频系统免遭意外破坏。根据有关经验常用 40kV·A 浪涌器。

6. 电抗器

电抗器的作用是抑制变频器输入输出电流重高次谐波成分带来的不良影响,而滤波器

的作用是抑制由变频器带来的无线电电波干扰,即电波噪声。一般由变频器厂商提供参数,多大功率变频器配多大电抗器。有的变频器内置电抗器。

如果变频器与电动机距离近,其输出端可不装电抗器。如果对于变频器的高次谐波的要求远小于有关规范,且与变频器处同一配电系统中没有对高次谐波要求很高的设备,变频器的输入端可不装电抗器。

电抗器的参数可由下面公式计算

$$L = \frac{(2\% \sim 5\%)}{6.18 \times F \times I} \tag{10-11}$$

式中:V 为额定电压(V);I 为额定电流(A);F 为最大频率(Hz)。

四、起重机工作状态

1. 提升物品时电动机的工作状态

提升物品时,电动机负载转矩 T_L 由重力转矩 T_w 及提升机构摩擦阻转矩 T_f 两部分组成,当电动机电磁转矩 T 克服 T_L 时,重物被提升;当 $T = T_f$ 时,重物以恒定速度提升。由此出发,可作出如图 10-4 所示特性,此时电动机处于正向电动状态。

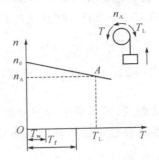

图 10-4 提升物品时电动机的工作特性图

2. 下降物品时电动机工作状态

(1) 反转电动状态

当空钩或轻载下放时,由于负载重力转矩小于提升机构摩擦阻转矩,此时依靠重物自身重量不能下降。为此,电动机必须向着重物下降方向产生电磁转矩,并与重力转矩一起共同克服摩擦阻转矩,强使空钩或轻载下放,这在起重机中常叫做强力下降。可作出如图 10-5 所示特性,电动机运行在 $-n_a$ 下,以 n_a 速度下放重物。

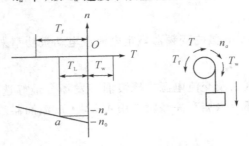

图 10-5 反转电动状态特性图

（2）再生制动状态

在中载或重载长距离下降重物时,可将提升电动机按反转相序接线,产生下降方向的电磁转矩 T,使电动机很快加速并超过电动机的同步转速。此时,转子绕组内感应电动势和电流均改变方向,产生阻止重物下降的电磁转矩。当 $T = T_w - T_f$ 时,可作出如图10-6所示特性,电动机以高于同步转速的速度稳定运行,所以可称为超同步制动。

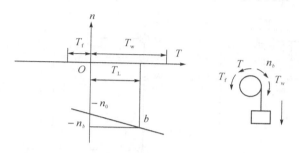

图 10-6 再生制动状态特性图

（3）倒拉反接制动状态

在下放重型载荷时,电动机定子仍按正转提升相序接线,但在转子电路中串接较大电阻,这时电动机起动转矩小于负载转矩 T_L,因此电动机就被载荷拖动,迫使电动机反转,反转以后电动机的转差率增大,转子的电动势和电流都加大,转矩也随之加大,直至 $T = T_L$,在 n_c 稳定运行。此时若处于轻载下放 $< T_w$ 时,将会出现不但不下降反而上升之后果,可作出如图10-7所示特性,如图中 d 点工作,以 n_d 上升。

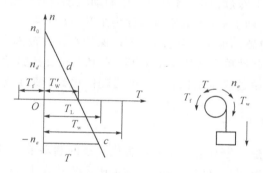

图 10-7 倒拉反接制动状态特性

为减小大惯性系统的减速时间,解决变频器直流电路上的过电压问题,常在其直流电路中加接一检测直流电压的晶体管。一旦直流回路电压超过一定的界限,该晶体管导通,并将过剩的电能通过与之相接的制动电阻器转化为热能耗。在能量消耗的同时加速了转速的减小。能量消耗得愈多,制动时间愈小,此装置即为变频器的制动单元。制动单元的接线如图10-8所示。

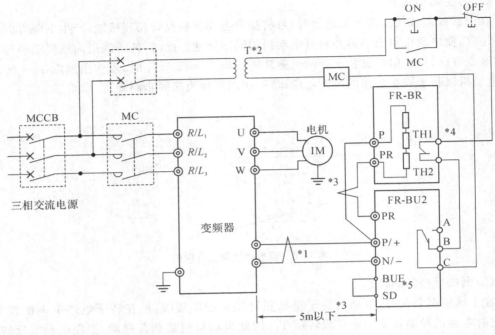

图 10-8　制动单元的接线

1. 主要作用

电动机在工作频率下降过程中,将处于再生制动状态,拖动系统的动能要反馈到直流电路中,使直流电压 UD 不断上升(该电压通常称为泵升电压),甚至可能达到危险的地步。因此,必须将再生到直流电路的能量消耗掉,使 UD 保持在允许范围内。制动电阻 RB 就是用来消耗这部分能量的。制动单元 YB 是由 GTR 或 IGBT 及其驱动电路构成的。其功能是当直流回路的电压 UD 超过规定的限值时,接通耗能电路,使直流回路通过制动电阻 FR-BR 释放能量。

2. 制动电阻的连接

一般每个变频器制造厂家都会为变频器提供合适的制动单元,称为独立选件单元。

连接专用外接制动电阻(选件)。内置制动电阻是连接在 P 和 PR 端子上。当内置制动电阻在频繁地制动时,由于散热能力不足,需要安装外接制动电阻(选件)替代内置制动电阻。连接 FR-BU 制动单元(选件)为了提高减速时的制动能力,连接 FR-BU 制动单元选件。

注意:连接时应使变频器端子(P、N)与 FR-BU 制动单元的端子的记号相同(接错时会损坏变频器)。另外,对 7.5kW 以下型号的变频器,请拆下 PR-PX 间的短路片。

3. 制动电阻计算

借助制动单元,消耗电机发电制动状态下从动能转换来的能量。制动电阻电阻值的计算公式如下:

$$R_{B0} = \frac{U_c^2}{1.047(T_R - 0.2T_M)n} \tag{10-12}$$

式中：U_c 为直流回路电压（V）；T_R 为制动转矩（N·m）；T_M 为电机额定转矩（在附加电阻制动的情况下，电机自损耗约为电机额定功率的 20％左右）（N·m）；n 为电机额定转矩（在附加电阻制动的情况下的电机额定转速）。在制动晶体管和制动电阻构成的能耗回路中最大电流受晶体管许用电流 I_c 的限制，因此在选择制动电阻值时不可小于其最小制动电阻值 R_{min}，即

$$R_{min} = \frac{U_c}{I_c} \tag{10-13}$$

式中：U_c 为直流回路电压（V）；I_c 为制动晶体管允许的最大电流（A）。

　　因此，制动电阻应 R_B 按 $R_{B0} > R_B > R_{min}$ 的关系选用。

　　由于制动器从抱紧到松开，以及从松开到抱紧的动作过程需要时间（约 0.6s），而电动机矩的产生或消失在通电或断电瞬间就立刻有反映的。因此，制动器和电动机在动作的配合上极易出现问题。如果电动机已经通电，而制动器尚未松开，将导致电动机的严重过载；反之，如果电动机已经断电，而制动器尚未抱紧，则重物必将下滑，即出现溜钩现象，因此要有相应的防止措施。在"有反馈矢量控制"方式下，当变频器的运行信号有效，但频率给定信号为 0Hz 时，可以使变频器向电动机提供足够的励磁电流，产生足够大的零速转矩，以防止重物"溜钩"。可提供以下办法解决：

　　（1）预励磁功能

　　当电动机从停住状态转为运行状态时，预先向电动机绕组内输入足够大的励磁电流，使电动机产生足够强的零速转矩的功能。

　　（2）零伺服功能

　　当电动机从运行状态转为停住状态时，变频器在运行指令有效的情况下，在频率给定信号为 0 时，变频器使电动机保持足够强的零速转矩的功能。

思考与练习

　　1.按容量的大小来选择变频器时，应如何选择？

　　2.简述下降物品时电动机工作状态。

　　3.变频器制动单元有何作用，使用时应注意哪些问题？

任务十一　变频调速在恒压供水控制中的应用

1. 掌握恒压供水的工作原理。
2. 了解变频调速节能工作原理。
3. 掌握变频器 PID 控制功能参数设置与应用。
4. 掌握用变频调速技术控制解决较为复杂工业电气控制系统。

随着社会的进步,能源短缺成为当前经济发展的瓶颈。为了降低系统能耗,改善环保性能,提高系统自动化程度,使之适应现代高层建筑向智能化方向发展的需要,可采用变频器、压力传感器等控制器件设计高楼恒压变频供水控制系统。图 11-1 所示为恒压供水模拟控制系统图,对象系统由四台不同功率的水泵机组组成,功能上划分为常规变频循环泵(2 台)、消防增压泵(1 台)、休眠水泵(1 台),加上一台变频器和一个压力传感器等。

图 11-1　恒压供水控制图

控制要求如下：

1. 常规恒压供水

系统启动后，常规泵 1 变频运行一直到 50Hz。如果当前管网压力仍达不到系统需求压力时，将常规泵 1 投入工频运行，然后常规泵 2 变频启动运行，从 0Hz 上升，直到满足需求压力。当前管网压力大于系统需求压力值时，常规泵 2 运行频率下降。当运行频率下降到 0Hz，当前管网压力仍大于系统需求压力时，常规泵 2 停止，常规泵 1 投入变频运行，从 50Hz 向下调整，直到满足需求压力。

2. 休眠泵控制

当系统时间进入休眠时间范围（如 23：00—6：00）后，休眠泵启动，常规泵停止。管网压力在休眠压力的偏差范围内时，只有休眠泵运行。如果出现特殊情况下的用水量增加，当管网压力低于休眠压力下限时，系统进入休眠唤醒状态，常规泵投入工作，控制压力稳定在需求压力值的附近；而当用水量开始下降，管网压力高于休眠设定数值上限时，休眠唤醒恢复，再次进入休眠状态，即只有休眠泵工作。

3. 消防泵控制

当消防信号发生时，系统其他状态均停止，系统强制将其切换到消防状态，只用于控制消防水泵工作。消防泵以工频状态工作，提供最大的消防水压力。

任务实施

一、预习内容

熟悉本任务中所用到的实训器材，仔细阅读知识链接中有关恒压供水工作原理、变频调速节能工作原理、变频器 PID 控制等相关知识和工作原理。

二、训练器材

（1）恒压供水变频器实训装置 1 套
（2）电工常用工具 1 套。
（3）开关、导线等若干。

变频工频控制

三、任务实施步骤

1. 任务分析

变频恒压供水对象系统主要由四台不同功能的水泵、一只压力变送器和输水系统组成，如图 11-2 所示。

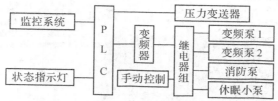

图 11-2　恒压供水控制系统结构图

从图 11-2 所示的结构图上可以看出:PLC 控制器实时检测恒压供水对象总管的压力值,然后经过一系列的数据处理和 PID 运算,控制变频器的输出,从而实现压力的回路控制和状态切换。同时,PLC 通过检测外部的火灾信号,完成对消防水泵的启停控制,并可根据实际工况控制休眠泵。为了更接近工业应用实际,采用 MCGS 组态软件进行相关参数采集、监控、给定和数据记录。PLC 和上位机监控系统的实时通讯,监控系统提供直观、形象的人机界面,监视和控制系统的运行状态,"手动控制"可以完成对水泵的紧急起停,也可以用于对系统的调试、检修,本任务主要探讨对恒压供水自动控制的设计与调试。

2. 变频器参数设置

变频器参数设置如下:

Pr.1——"上限频率",设定值 50,表示输出频率上限为 50Hz;

Pr.2——"下限频率",设定值 10,表示输出频率下限为 10Hz;

Pr.3——"基本频率",设定值为 50Hz;

Pr.7——"加速时间",设定值 2s;

Pr.8——"减速时间",设定值 2s;

Pr.9——"电子过流保护",设定为电机额定电流值;

Pr.128——"选择 PID 控制",设定参数 20,PID 负作用;

Pr.125——"5V(10V)输入时频率",设定参数 50,最大频率 50Hz;

Pr.73——"0~5V/0~10V 选择",设定值 0,DC 0~5V 输入;

Pr.902——"频率设定电压偏置",设定值 0V,设定频率 0Hz;

Pr.903——"频率设定电压增益",设定值 5V,设定频率 50Hz;

Pr.133——"PU 设定的 PID 控制设定值",设定值 50%;

Pr.79——"操作模式选择",设定值 2,外部信号输入。

3. 变频器—PLC—组态控制设计

(1)组态设计

本系统的上位机基于力控组态 MCGS 软件设计,当软件与 PLC 通讯时,占用计算机的串口(COM1、波特率 9600,7 位数据位,1 位停止位,偶校验)。对 MCGS 进行相应组态设计,组态界面如图 11-3 所示。

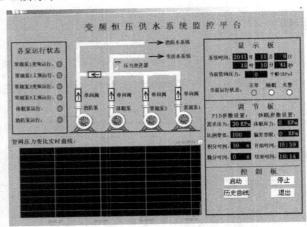

图 11-3　恒压供水 MCGS 组态画面

工程正常运行后,会自动与下位机建立连接。连接成功后,自动读取当前下位机内部的参数如图 11-13 所示(日期、时间、PID 参数等)。"启动"、"停止"按钮用于以自动方式控制下位机程序的运行。"历史曲线"按钮用于打开历史画面,查看历史曲线。"退出"按钮用于退出工程,退出之前要先"停止"PLC 运行。每次"启动"之前要先在调节板里设定好 PID 参数和休眠参数。PID 控制器和休眠状态参数(比例增益、积分时间、微分时间权限保留)可以在线实时修改。

(2)主电路设计

恒压供水系统中有四台水泵电机 M_1、M_2、M_3、M_4,其中 M_1、M_2 为常规泵,工作在变频循环方式,它们会工作在变频和工频两种状态,M_3 为休眠泵,M_4 为消防泵,主电路图如图 11-4 所示。

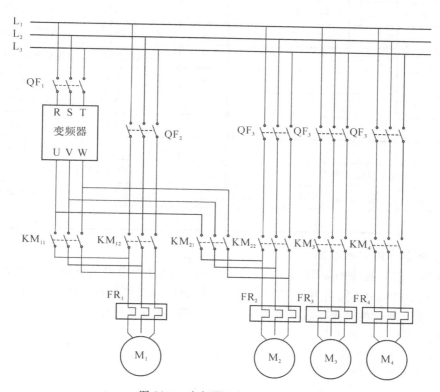

图 11-4　变频器电气主接线图

变频器输出与工频旁路之间使用带机械连锁装置的交流接触器,以防止变频器输出与工频电源之间引起短路而损坏变频器及相关设备。变频器输出 U、V、W 应与工频旁路电源 L_1、L_2、L_3 相序一致。否则,在电机变频向工频切换过程中,会因切换前后相序的不一致而引起电机转向的突然反向,容易造成跳闸甚至损坏设备。主电路中一台变频器起动控制两台电动机,为解决变频器在两个水泵电路之间的切换和变频与工频运行之间的切换问题,每台电动机需要两个交流接触器,KM_{11} 接通时,♯1 泵通过变频器运行控制;KM_{12} 接通时,♯1泵与工频电源接通并运行。同理♯2 泵的两个交流接触器分别为 KM_{21} 和 KM_{22}。KM_3、KM_4 交流接触器分别控制休眠泵和消防泵。

变频器内部有电子热保护开关,但应注意电机的工频旁路中应有相应的过流保护装置,

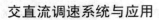

四只热过载保护器 FR_1~FR_4 分别用于对四台水泵的电机实施过流保护。

（3）I/O 输入输出配置表

本项目用上位机控制 PLC 运行，开关量输入信号大为减少，只用 X_0 模拟消防火警信号，开关量输出信号为 6 个，模拟量输入为 1 个：压力变送器 0~5V，模式选择及 PID 相应参数设置等通过 MCGS 组态完成。采用模拟量输出信号为 1 个，用来控制变频器频率。本项目 I/O 输入输出见表 11-1。

表 11-1 I/O 口地址分配

开关量输入信号				开关量输出信号			
序号	地址	代号	作用	序号	地址	代号	作用
1	X_0	SQ_1	消防火警信号	1	Y_0	KM_{11}	♯1 常规泵变频输出
2				2	Y_1	KM_{12}	♯1 常规泵工频输出
3				3	Y_2	KM_{21}	♯2 常规泵变频输出
4				4	Y_3	KM_{22}	♯2 常规泵工频输出
5				5	Y_4	KM_3	休眠泵工频输出
				6	Y_5	KM_4	消防泵工频输出
6				7	Y_{10}	STF	变频器正转运行
模拟量输入信号				模拟量输出信号			
1	AI_0	I_{in1}	压力变送器 4~20mA	1	AO_0	V_{out1}	变频器频率输入 0~10V
2				2			

（3）变频器—PLC 接线图

变频器—PLC 接线图如图 11-5 所示。此处需要注意输出点的布置。因为交流接触器 KM_{11}、KM_{12}、KM_{21}、KM_{22} 均为 220V 的交流线圈，而控制变频器运行的 STF 信号是弱电信号，不能与前面所述的交流接触器共用一个 COM 端，必须是分开的，在图 11-5 中要进行相应的处理。

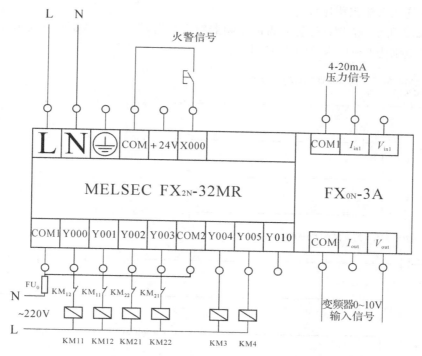

图 11-5 恒压供水 PLC-变频器接线图

(4)程序设计

1)模拟量压力输入转换程序设计

如图 11-6 所示,从模拟通道 1(8 位 A/D)转换来的压力实时值存放于寄存器 D51 单元中,通过采样后把压力的平均值放于 D1 中。

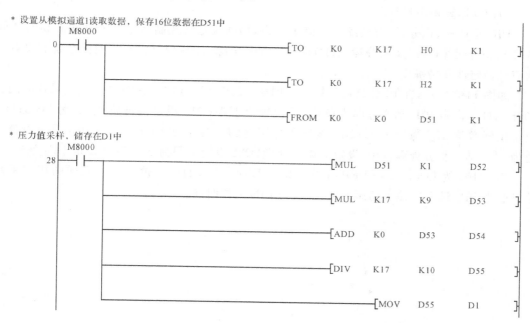

图 11-6 压力转换程序

2）模拟量压力输出程序设计

如图 11-7 所示，经 PID 运算获得的变频器频率数据，把 D2 的数据送 8 位 D/A 转换器，转换成电压范围为 0～10 V 的电压信号。

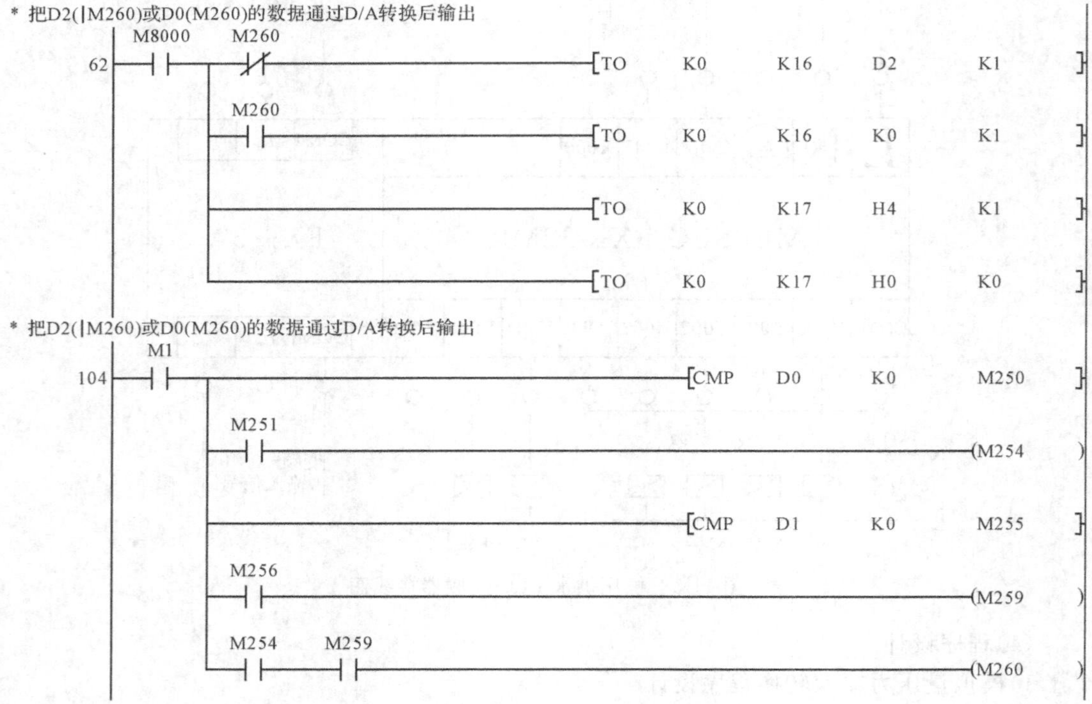

* 把D2(|M260)或D0(M260)的数据通过D/A转换后输出

```
        M8000    M260
62 ├──┤ ├────┤/├──────────────────────[TO    K0     K16    D2     K1 ]
                 M260
          ├──────┤ ├───────────────────[TO    K0     K16    K0     K1 ]

          ├───────────────────────────[TO    K0     K17    H4     K1 ]

          ├───────────────────────────[TO    K0     K17    H0     K0 ]
```

* 把D2(|M260)或D0(M260)的数据通过D/A转换后输出

```
         M1
104 ├──┤ ├────────────────────────────[CMP   D0     K0     M250 ]
          M251
       ├──┤ ├─────────────────────────────────────────────(M254 )

       ├───────────────────────────────[CMP   D1     K0     M255 ]
          M256
       ├──┤ ├─────────────────────────────────────────────(M259 )
          M254    M259
       ├──┤ ├────┤ ├───────────────────────────────────────(M260 )
```

图 11-7　模拟量输出程序

3）PID 运算程序设计

PID 是比例、积分、微分的缩写。简单地讲，PID 就是将控制指令信号通过比例放大运算（P）、积分运算（I）以及微分运算（D）最后得到一个综合的控制信号，从而使系统有良好的响应性稳定性和精确度。

如图 11-8 所示，在 PLC 启动的第一个周期，设定 PID 参数。其中 D10 设定采样时间为 100ms；D11 设定 PID 动作方向为逆序，并设置上下限；D12 设定滤波常数（α）为 70%；D13 设定比例增益（K_p）为为 30%；D14 设定积分增益（T_1）为 $10 \times 100ms = 1s$；D15 设定微分增益为 0%，即无积分处理；D16 设定无微分处理；D32 设定上限为 250；D33 设定下限为 0。

当 M100 为 ON 时，执行 PID 运算，其中 D0 为压力的设定值，D1 为采样的压力平均值，D2 为 PID 运算后输出的压力值，D10 为 PID 采样时间。

* PID运算参数设置

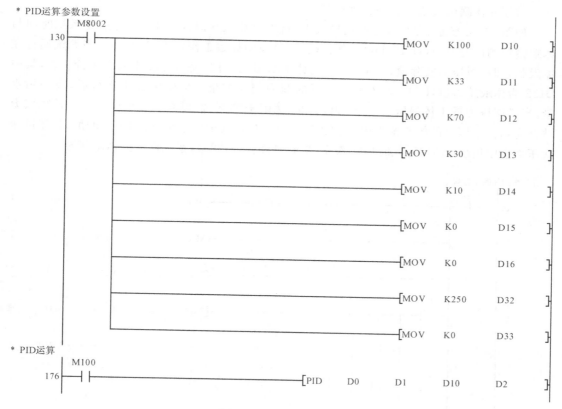

图 11-8　PID 运算程序

4）火警信号处理程序设计

如图 11-9 所示，当火警信号（X000）发生时，消防泵（Y005）启动，并输出压力值为 10 千帕，♯1 气泵变频（M_{14}）、工频（M_{19}）停止，♯2 气泵（M_{24}）变频、工频（M_{29}）停止。

* 火警信号处理程序

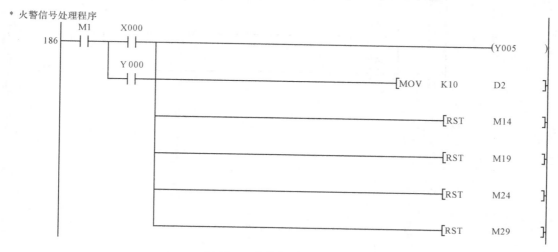

图 11-9　火警信号处理程序

5)夜间休眠模式工作状态程序设计

如图 11-10 所示,在自动运行的模式下,首先计算系统时间(D100),然后把系统时间与休眠参数的设定时间(D110、D111)作比较,计算夜间休眠工作状态(M200)。当系统运行在休眠状态时,对压力实际值(D1)与设定的休眠状态压力作比较,计算休眠泵运行状态,其中 D112 为休眠压力值,D113 为休眠状态下的压力偏差容量。休眠泵稳定运行后,增加用水量,当管网压力低于休眠压力下限(D114)时,休眠被唤醒,常规泵 1 启动(M201),系统压力被补充到休眠压力的控制范围内;当系统压力稳定后,减少用水量,管网压力增加,并超过休眠压力上限值(D115)时,此时休眠恢复,常规泵停止(M220),系统恢复到休眠状态。

* 计算夜间休眠工作状态

```
        M1
200 ─────┤├───┬──────────────────────────────[MUL  D8015  K100   D100  ]
              │
              ├──────────────────────────────[ADD  D8014  K100   D101  ]
              │
              ├──────────────────────────────[CMP  D110   K111   M31   ]
              │
              │  M31
              ├───┤├──┬───────────────────────[CMP  D101   K110   M35   ]
              │       │
              │       │  M35
              │       ├───┤├──────────────────────────────────(M210  )
              │       │  M36
              │       ├───┤├
              │       │
              │       ├───────────────────────[CMP  D101   D111   M41   ]
              │       │
              │       │  M43
              │       └───┤├──────────────────────────────────(M211  )
              │
              │  M33
              └───┤├──┬───────────────────────[CMP  D101   K110   M35   ]
                      │
                      │  M45
                      ├───┤├──────────────────[CMP  D101   K111   M51   ]
                      │
                      │  M46      M53
                      └───┤├───────┤├────────────────────────(M212  )
```

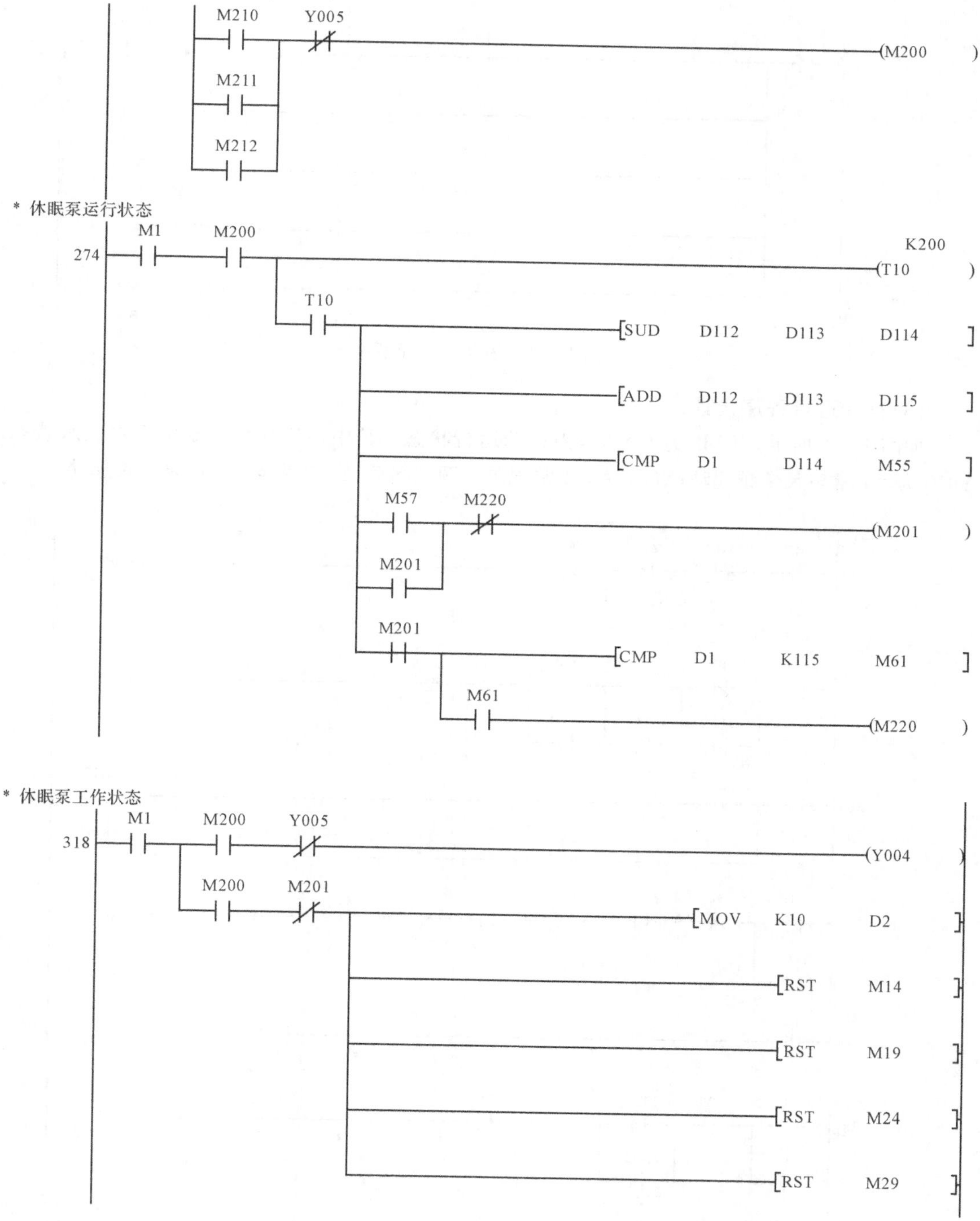

```
        M210    Y005
       ──┤├─────┤/├──────────────────────────────────(M200   )
        M211
       ──┤├──
        M212
       ──┤├──
```

* 休眠泵运行状态

```
         M1     M200                                    K200
   274  ─┤├─────┤├──────────────────────────────────(T10    )
                  │  T10
                  └──┤├────────────[SUD   D112   D113   D114  ]
                     │
                     ├────────────[ADD   D112   D113   D115  ]
                     │
                     ├────────────[CMP   D1     D114   M55   ]
                     │  M57    M220
                     ├──┤├─────┤/├────────────────────(M201   )
                     │  M201
                     │──┤├──
                     │  M201
                     └──┤├──────[CMP   D1     K115   M61   ]
                           M61
                        ──┤├──────────────────────────(M220   )
```

* 休眠泵工作状态

```
         M1     M200   Y005
   318  ─┤├─────┤├─────┤/├─────────────────────────(Y004   )
                  M200   M201
                ──┤├─────┤/├───────[MOV   K10    D2    ]
                                  ─────[RST   M14   ]
                                  ─────[RST   M19   ]
                                  ─────[RST   M24   ]
                                  ─────[RST   M29   ]
```

图 11-10 夜间休眠模式工作状态程序

(5)手动运行程序设计

如图 11-11 所示,当 M1 为 OFF 时,为手动运行状态。

图 11-11　手动运行程序

（6）自动运行程序设计

如图 11-12 所示，当 M1 为 ON 时，为自动运行状态。其中，M100 为常规生活水供水状态；Y000 为♯1 常规泵变频起动；Y001 为♯1 常规泵工频频起动；Y002 为♯2 常规泵变频起动。

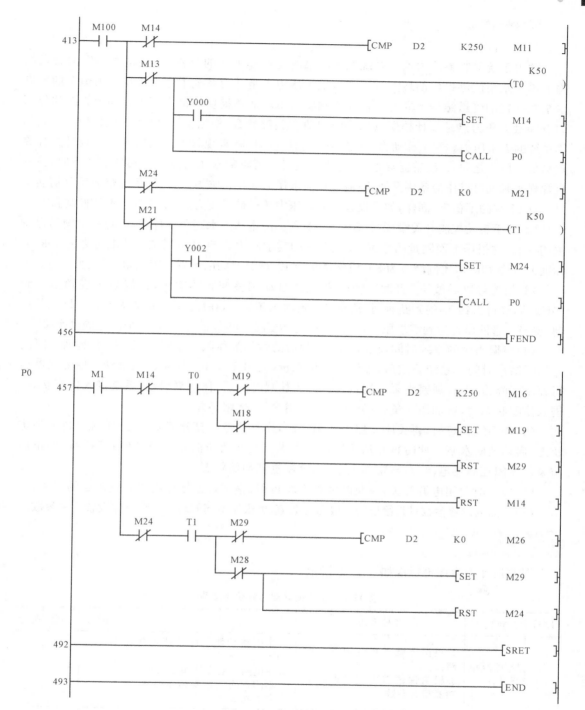

图 11-12　自动运行程序

4. 模拟调试

(1) 分析准备

动力系统的临界压力点是系统控制水泵的上切和下切的分界点，它是在一定的管道结构下单台水泵能够提供的最大压力点。最大压力点是动力系统中用于维持压力恒定的所有水泵在一定的管道结构下同时工作在工频状态下所能够提供的最大压力。动力系统临界压力点和最大压力点是设计楼层供水系统的两个关键参数，根据楼层高度和用水流量，准确估算系统的需求压力。在选择动力系统的功率和扬程时，将常规状态下的需求压力设计在临界点与最高压力之间，系统就能够稳定、可靠地运行。若将需求压力设置在临界点以下时，另一台常规水泵就可以作为备用泵使用；应避免需求压力太接近临界点，这样系统容易反复切换水泵，造成系统的不稳定；同样，如果设置的需求压力超过最高压力点，系统就达不到控制要求。

(2) 将手自动控制开关拨到"自动"。将对象上的生活用水阀全部打开，消防用水阀门保持关闭状态；并根据上面测量的数据，设置系统的需求压力为 50kPa，系统的休眠压力为 45kPa，休眠偏差为 10kPa，比例增益为 80，积分时间为 15，微分时间的设置权限保留，默认为 0 值。

(3) 设置好以后按下"启动"按钮，系统会自动调整变频器输出，常规泵 1 变频运行到 50Hz 后，经过大约 3s 的判断时间，常规泵 1 投入工频运行，在经过 2s 常规泵 2 从 0Hz 变频启动，待当前管网压力达到需求压力，且基本稳定不变时，变频器将稳定在一个固定的频率值。

(4) 根据当时的系统时间设置约 10 分钟后的时间为休眠开始时间，约 20 分钟后的时间为休眠结束时间。系统稳定后，逐渐减小用水量（关闭 2、3、4、5 层生活用水阀），使变频器运行频率下降为 0Hz，观察水泵下切过程。进入休眠时间后，休眠泵启动，系统进入休眠状态。进入休眠状态后，增加用水量（打开 5 层生活用水阀）休眠唤醒。

(5) 待系统稳定后，再关闭 5 层生活用水阀，恢复状态。打开消防信号，系统将进入消防状态，启动消防水泵。此时打开消防用水阀排水。断开消防信号后，按"停止"按钮，停止消防泵。关闭控制器电源后，再重新上电，系统恢复到初始状态。

(6) 应及时关闭电源开关，并及时清理实验板面，整理好连接导线并放置规定的位置。

(7) 上面的设置参数只是给出的一般参考数值，可根据不同的阀门数量具体设置相关参数。

任务评价

课题设计能力评价标准如表 11-2 所示。

表 11-2　课题设计能力评价标准表

序号	主要内容	考核要求	评分标准	配分	扣分	得分
1	变频器电路设计	1. 根据要就进行变频器主电路设计 2. 根据课题需要正确设置变频器相关参数	1. 主电路功能不完整或不规范扣 5～10 分 2. 主电路不会设计扣 20 分 3. 不能正确设置变频器参数，每个参数扣 3 分	20		
2	程序输入	1. 指令输入熟练正确 2. 程序编辑、传输方法正确	1. 指令输入方法不正确，每提醒一次扣 5 分 2. 程序编辑方法不正确，每提醒一次扣 5 分 3. 传输方法不正确，每提醒一次扣 5 分	15		

续表

序号	主要内容	考核要求	评分标准	配分	扣分	得分
3	系统模拟调试	1. 变频器—PLC 外部模拟接线符合功能要求 2. 调试方法合理正确 3. 正确处理调试过程中出现故障	1. 错、漏接线,每处扣 5 分 2. 调试不熟练,扣 5～10 分 3. 调试过程原理不清楚,扣 5～10 分 4. 带电插拔导线,扣 5～10 分 5. 不能根据故障现象正确采取相应处理方法扣 5～20 分	25		
4	通电试车	系统成功调试	1. 一次试车不成功扣 20 分 2. 二次试车不成功扣 30 分 3. 三次试车不成功扣 40 分	40		
5	安全生产	1. 正确遵守安全用电规则,不得损坏电器设备或元件。 2. 调试完毕后整理好工位。	1. 违反安全文明生产规程、损坏电器元件扣 5～40 分 2. 操作完成后工位乱或不整理扣 10 分	倒扣		
备注	各项内容最高分不得超过额定配分		合计	100		
额定时间240 分钟	开始时间		结束时间	考评员签字	年 月 日	

知识链接

一、变频器的节能应用

变频器的第二类应用目的是节约电能,这一点在当今提倡的建设节约型社会的形势下显得尤为重要。

1. 工频下的变频器节能问题

在负载、工况相同的情况下,使用运行频率为 50Hz 的变频器与直接使用工频电源供电相比较,前者可以达到一定的节能效果。使用变频器后,电源负载的功率因数可提高到 92%～95%,这是由于变频器的工作原理是先将交流整流成直流后再逆变。因此,在输出同样负载功率的情况下,使用 50Hz 工频运行的变频器后从电源侧消耗的电能减少,节约了电能。

2. 离心式风机和水泵节能原理

离心式风机和水泵是典型的二次方率负载。这类负载大多用于控制流体(气体和液体)的流量,其负载的阻转矩与转速的平方成正比关系,即

$$T_L = K_T n_L^2 \tag{11-1}$$

式中:T_L 为负载阻转矩(N·m);n_L 为负载的转速(m/min);K_T 为转矩比例常数。

其负载功率为

$$T_{\mathrm{L}} = \frac{T_{\mathrm{L}} n_{\mathrm{L}}}{9550} = \frac{K_{\mathrm{T}} n_{\mathrm{L}}^3}{9550} = K_{\mathrm{P}} n_{\mathrm{L}}^3 \tag{11-2}$$

式中：P_{L} 为负载消耗的功率（kW）；K_{P} 为功率比例常数。

由式（11-2）可以看出，负载功率与转速的三次方成正比关系。事实上，考虑电动机轴上存在的摩擦和电动机空载损耗时，以上两个公式应写成以下形式：

负载转矩

$$T_{\mathrm{L}} = T_0 + K_{\mathrm{T}} n_{\mathrm{L}}^2 \tag{11-3}$$

负载功率

$$P_{\mathrm{L}} = P + K_{\mathrm{P}} n_{\mathrm{L}}^2 \tag{11-4}$$

式中：T_0 为空载转矩（N·m）；P_0 为空载功率损耗（kW）。

根据以上分析，二次方率负载的机械特性和功率特性可用图 11-13 所示曲线来表示。

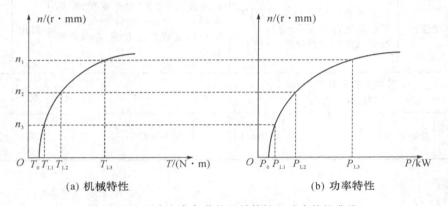

(a) 机械特性　　　　　　　　　　　　(b) 功率特性

图 11-13　二次方率负载的机械特性和功率特性曲线

由于风机、水泵等负载的功率消耗与电动机转速的三次方成正比，因此当负载的转速小于电动机额定转速时，其节能潜力比较大。在实际工程应用中，无论是恒压供水系统还是风机的变频调速系统，其应用目的一般均是节约电能。

风机、水泵负载变频调速的节能一般可以分成两部分：启动运行（特别是对于大容量电动机来说）和降速节能。

从图 11-13 所示的机械特性曲线可知，当转速很低时，二次方率负载对转矩、功率的需要均很低，如果使用具有调压调速功能的软启动器（这是软启动器的绝大部分应用场合），极易出现负载在低速运行时的"大马拉小车"现象。当采用变频器调速时，由于变频器所特有的调频调压功能，使电动机的启动转矩特性可通过变频器的转矩补偿功能进行设定，从而避免上述现象的出现，在电动机启动时实现节能。

二、PID 控制

PID 控制属于闭环控制，是使控制系统的被控量在各种情况下都能够迅速而准确地无限接近控制目标的一种手段。具体地说，是随时将传感器测量的实际信号（称为反馈信号）与被控量的目标信号相比较，以判断是否已经达到预定的控制目标。如尚未达到，则根据两者的差值进行调整，直到达到预定的控制目标为止。

图 11-14 所示为基本 PID 控制框图，X_T 目标信号，X_F 为反馈信号，变频器输出频率 f_x 的大小由合成信号（$X_T - X_F$）决定。一方面，反馈信号 X_F 应无限接近目标信号 X_T，即合成信号→0；另一方面，变频器的输出频率 f_x 又是由 X_T 和 X_F 相减的结果来决定的。图 11-14（a）表示偏差信号输入方式，比较在变频器外部完成，将偏差值从端子 1 输入。图 11-14（b）表示测量信号输入方式，比较在变频器内部完成，将测量值从端子 4 输入，目标信号从端子 2 输入或由参数 Pr.133 设定。

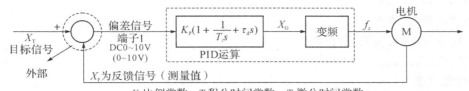

（a）偏差值信号输入方式

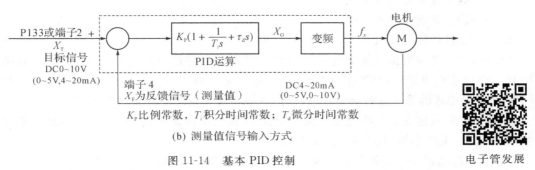

（b）测量值信号输入方式

图 11-14　基本 PID 控制

电子管发展

为了使变频器输出频率维持一定，就要求有一个与此相对应的给定信号，这个给定信号既需要有一定的值，又要与 $X_T - X_F = 0$ 相联系。为了使静差减小，就要使 K_P 增大。如果 K_P 太大，很容易使变频器输出频率发生超调，又容易引起被控量的振荡，

积分环节能使给定信号 X_G 的变化与（$X_T - X_F$）信号对时间的积分成正比。既能防止振荡，也能有效地消除静差。但若积分时间太长，又会产生当目标信号急剧变化时，被控量难以迅速恢复的情况。微分环节可根据偏差的变化趋势提前给出较大的调节动作，从而缩短调节时间，克服了因积分时间太长而使恢复滞后的缺点。

（1）PID 参数设定

在系统运行之前，可以先用手动模拟的方式对 PID 功能进行初步调试（以负反馈为例）。先将目标值预置到实际需要的数值，再将一个可调的电流信号接至变频器的反馈信号输入端，缓慢地调节反馈信号。正常情况是：当反馈信号超过目标信号时，变频器的输出频率将不断上升，直至最高频率；反之，当反馈信号低于目标信号时，变频器的输出频率将不断下降，直至频率 0Hz。上升或下降的快慢，反映了积分时间的长短。

在许多要求不高的控制系统中，微分功能 D 可以不用。当系统运行时，被控量上升或下降后难以恢复，说明反应太慢，应加大比例增益 K_P，直至比较满意为止；在增大 K_P 后，虽然反应快了，但容易在目标值附近波动，说明系统有振荡，应加大积分时间，直至基本不振荡为止。在某些对反应速度要求较高的系统中，可考虑增加微分环节 D。

一般在供排水、流量控制中只需用 P、I 控制即可，D 参数较难确定，它容易和干扰因素

混淆,在此类场合也无必要,通常用在温度控制场合。P、I参数中,P是最为重要的,定性地讲,由于 $P=1/K_P$,所以 P 越小系统的反应越快,但过小的话会引起振荡而影响系统的稳定,它起到稳定测量值的作用。而 I 是为了消除静差,即使测量值接近设定值,原则上不宜过大。试运行时可于在线条件下边观察测量值的变化边反复调节 P、I 参数,直至测量值稳定并与设定值接近为止。

PID 动作选择参数如下:

Pr. 128＝10,11,20,21,50,51,60,61 时的设定方式如下:

1)个位上的"0"或"1"表示

"0"——PID 正逻辑(负反馈、负作用)。

"1"——PID 负逻辑(正反馈、正作用)。

2)十位上的数字表示

"1"——偏差量信号输入方式。

"2"——测量量信号输入方式。

"5"——偏差量信号输入方式。

"6"——测量量信号输入方式。

参数 Pr. 128 的值根据具体情况进行预置。当预置变频器 PID 功能有效时,变频器完全按 P、I、D 调节规律运行,其工作特点是:变频器的输出频率(f_x)只根据反馈信号(X_F)和目标信号(X_T)比较的结果进行调整,故频率的大小与被控量之间并无对应关系。

变频器的加、减速的过程将完全取决于 P、I、D 数据所决定的动态响应过程,而原来预置的"加速时间"和"减速时间"将不再起作用。

变频器的输出频率(f_x)始终处于调整状态,因此,其显示的频率常不稳定。

(2)PID 校准实例

PID 控制下,使用一个 4mA 对 0℃、20mA 对应 50℃ 的传感器调节房间温度,设定值通过变频器的 2 和 5 端子(0～5V)给定的。

1)目标值输入的校正

端子 2～5 间外加目标设定 0% 的输入电压(例如,"0V")。

Pr. 902 的偏差为 0% 时,输入变频器必须输出的频率(例如 0Hz)。

Pr. 902 设定 0% 时的电压值。

端子 2～5 间外加设定值设定 100% 的输入电压(例如,5V)。

Pr. 125 的偏差为 100% 时,输入变频器必须输出的频率(例如 50Hz)。

Pr. 903 设定 100% 时的电压值。

2)传感器输出的校正

端子 4～5 间外加检测器设定 0% 的输出电流(例如 4mA)。通过 Pr. 904 进行校正。

端子 4～5 间外加检测器设定的 100% 的输出电流(例如 20mA)。通过 Pr. 905 进行校正。

3)注意事项

X14 信号处于 ON 状态时,如果输入多段速度(RH、RM、RL 信号)及点动运行(点动信号),则不进行 PID 控制,而进行多段速度或者点动运行。

进行以下设定时,PID 控制无效:Pr. 79 运行模式选择＝"6"(切换模式);Pr. 858 端子 4

功能分配、Pr.868 端子 1 功能分配＝"4"（转矩指令）。

　　请注意 Pr.128 的设定值设定为"20 或者 21"的状态下，变频器的端子 1～5 间的输入作为目标值，叠加到端子 2～5 间的目标值。

　　PID 控制方式下使用端子 4（测量值输入）、端子 1（偏差输入）时，请设定 Pr.858 端子 4 功能分配＝"0"（初始值）、Pr.868 端子 1 功能分配＝"0"（初始值）。

　　如果通过 Pr.178～Pr.189，Pr.190～Pr.196 变更端子功能，有可能会对其他的功能产生影响。请确认各端子的功能后再进行设定。

　　选择 PID 控制时，下限频率为 Pr.902 的频率，上限频率为 Pr.903 的频率（Pr.1 上限频率、P.2 下限频率的设定也有效）。

三、变频恒压供水原理

　　随着社会经济的飞速发展，人民生活水平日益提高，人们对供水质量和供水系统的可靠性的要求不断提高。近年来，大量的乡镇农民走进城镇务工，加之国家提倡城市化建设，大量高层住宅在城乡发展起来，传统的供水系统已经远不能满足现今居住区居民的供水要求。传统的供水方法是利用高低位的压力差，在住宅顶楼安装水塔或水箱进行供水。这种传统的供水系统无法达到持久、稳定、有效的恒压供水，一般需要用水泵为水塔或水箱及时供水，而且容易造成水质的二次污染，还可能引起一定的水资源浪费。传统供水系统虽然避免了占地面积大的缺点，但同时增加楼房的重量，使房屋的造价提高。因此，对供水系统的自动化改造十分之重要，而把先进的自动化技术、控制技术、通讯及网络技术等应用到供水领域，成为对供水系统的新要求。

　　对供水系统进行的控制，归根结底是为了满足用户对流量的需求。所以，流量是供水系统的基本控制对象。但流量的测量比较复杂，考虑到在动态情况下管道中水压的大小与供水能力和用水流量之间的平衡情况有关，如：供水能力大于用水流量时，管道压力上升；供水能力小于用水流量时，管道压力下降；供水能力等于用水流量，则压力不变，可见，供水能力与用水需求之间的矛盾具体地反映在流体压力的变化上，从而，压力就被用来作为控制流量大小的参变量。就是说，保持供水系统中某处压力的恒定，也就保证了使该处的供水能力和用水流量处于平衡状态，恰到好处地满足了用户所需的用水流量，这就是恒压供水所要达到的目的。变频恒压供水系统具有节能、安全、高品质供水质量的特点，可以很好地解决传统供水方案所存在的问题，是城镇高层住宅恒压供水的首选方案。

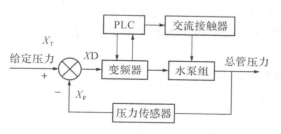

中国制造 2025

图 11-15　变频恒压供水控制系统框图

　　变频恒压供水控制系统如图 11-15 所示。给定信号 X_T 的大小除了和所要求的压力的控制目标有关外，还和压力传感器 SP 的量程有关。假设用户要求的供水压力为 0.3MPa，压力传感器 SP 的量程为 0~1MPa,则给定值应设定为 30%。反馈信号 X_F 是压力传感器 SP 反馈回来的信号,该信号是一个反映实际压力的信号。

变频器一般都具有 PID 调节功能。给定压力和压力反馈两者是相减的,其合成信号经过 PID 调节处理后得到频率给定信号。当用水流量减小时,供水能力大于用水流量时,则供水压力上升,X_F 上升→合成信号($X_T - X_F$)下降→变频器输出频率减小→电动机转速降低→供水能力下降→直至压力大小回复到给定值、供水能力与用水流量重又平衡时为止;反之,当用水流量增加小于用水量时,则 X_F 下降,合成信号($X_T - X_F$)上升,变频器输出频率增大→电动机转速上升→用水流量增加,又达到新的平衡。

四、PID 指令应用

1. PID 运算指令含义

PID 运算指令的助记符、功能号、操作数和程序步数等指令格式如下。

指令格式:PID S1 S2 S3 D

指令功能:主要用于进行 PID 控制的运算指令。达到取样时间的 PID 指令在其后扫描时进行 PID 运算。其中 S1、S2、S3、D 均为 16 位数据类型。

S1:设定目标值(SV)。PID 调节控制外部设备所要达到的目标,需要外部设定输入。

S2:测定值(PV)。通常由安装于控制设备中的传感器转换来的数据。

S3:设定控制参数。PID 内部工作及控制用寄存器,共占用 25 个数据寄存器。

D:输出值寄存器。PID 运算输出结果。一般使用非断电保持型。

注意:

(1)对于 D 请指定非断电保持的数据寄存器。若指定断电保持的数据寄存器时,在可编程控制器 RUN 时,务必清除保持的内容。

(2)需占用自 S3 起始的 25 个数据寄存器。本例中占用 D150~D174。

(3)PID 指令可同时多次执行(环路数目无限制),但请注意运算使用的 S3 或 D 软元件号不要重复。

(4)PID 指令在定时器中断、子程序、步进梯形图、跳转指令中也可使用,在这种情况下,在执行 PID 指令前,请先清除 S3+7 后再使用,如图 11-22 所示。

2. PID 内部参数设定意义

控制用参数的设定值在 PID 运算前必须预先通过 MOV 等指令写入。另外,指定断电保持区域的数据寄存器时,编程控制器的电源 OFF 之后,设定值仍保持。因此不需进行再次写入。

下面简要说明 PID 占用数据寄存器的功能。

S1:取样时间(Ts),1~32767(ms)

S1+1:动作方向(ACT)

bit0　0:正动作　　　　　　　　1:逆动作

bit1　0:输入变化量报警无　　　1:输入变化量报警有效

bit2　0:输出变化量报警无　　　1:输出变化量报警有效

bit3　不可使用

bit4　0:自动调谐不动作　　　　　1:执行自动调谐

bit5　0:输出值上下限设定无　　　1:输出值上下限设定有效

bit6～bit15　不可使用,另外,请不要使 bit5 和 bit2 同时处于 ON。

S3+2:输入滤波常数(α),0～99(%),0 时没有输入滤波

S3+3:比例增益(KP),1～32767(%)

S3+4:积分时间(TI),0～32767(×100 ms),0 是作为∞处理(无积分)

S3+5:微分增益(KD),0～100(%),0 时无积分增益

S3+6:微分时间(TD),0～32767(×100 ms),0 时无微分处理

S3+7～S3+19:PID 运算的内部处理占用

S3+20:输入变化量(增侧)报警设定值,0～32767(S3+1<ACT>的 bit1=1 时有效)

S3+21:输入变化量(减侧)报警设定值,0～32767(S3+1<ACT>的 bit1=1 时有效)

S3+22:输出变化量(增侧)报警设定值,0～32767(S3+1<ACT>的 bit2=1,bit5=0 时有效),另外输出上限设定值－32768～32767(S3+1<ACT>的 bit2=0,bit5=1 时有效)

S3+23:输出变化量(减侧)报警设定值,O～32767(S3+1<ACT>的 bit2=1,bit5=0 时有效)另外输出下限设定值　＋32768～32767(S3+1<ACT>的 bit2=0,bit5=1 时有效)

S3+24:报警输出(S3+1<ACT>的 bit1=0,bit2=1 时有效)

bit0 输入变化化量(增侧)溢出

bit1 输入变化化量(减侧)溢出

bit2 输入变化化量(增侧)溢出

bit3 输入变化化量(减侧)溢出

说明:S3+20～S3+24 在 S3+1<ACT>的 bit1=1、bit2=1 时将被占用,不能用做以上功能。

3.PID 的几个常用参数的输入

(1)使用自动调谐功能。此时将 S1+1 动作方向寄存器(ACT)的值设为 H10 即可,其他参数不用设置。

(2)在不执行自动调谐功能时,要求求得适合于控制对象的各参数的最佳值。这里必须求得 PID 的 3 个常数(比例增益(KP),积分时间(TI),微分时间(TD))的最佳值。但这一过程非常复杂,要实验若干次以后才能得到较好的效果。有关参数的计算方式请阅相关 PID 参数整定技术。

(3)采用经验法进行参数输入。在 PID 控制要求不是很高的情况下,可以在运行过程中逐步修改,以提高控制效果。如上述项目中采用的就是经验值,比例增益(KP)设为 10,积分时间(TI)为 200,微分时间(TD)为 50,在运行过程中可以改变相应数据,以观察控制效果。

思考与练习

1.恒压变频器供水的优点是什么?在多泵恒压供水系统中,PLC 是根据什么信号加泵和减泵的?叙述加泵和减泵的控制过程。

2.变频器的 PID 功能中,P、I、D 分别指什么?

3.完成下面变频恒压供水 PLC 设计：

(1)分时段控制

生活用水在一天内往往存在着若干个用水高峰和用水低谷区间,如:夜间休息期间,一般用水量最少;而 6：00～7：00,11：00～13：00,17：00～19：00 为起床、午饭和晚饭时间,用水量较大,其余时间用水量一般。为了适应生活供水中的压力流量波动特性,以及其他一些特殊应用,对此要求系统提供以上三个时段的压力给定控制,以满足用户的需要,并能起到节水和节能的作用。

(2)延时控制

为了防止压力偶然波动导致电机在工频和变频之间频繁动作,要求对采样压力信号进行滤波处理,完成设计。

任务十二　线绕式异步电机串级调速原理与调试

任务目标

1. 熟悉双闭环三相异步电机串级调速系统的组成。
2. 了解线绕式异步电动机串级调速系统作原理。
3. 了解串级调速系统的静态与动态特性。

任务描述

异步电动机串级调速系统是较为理想的节能调速系统,采用电阻调速时转子损耗为 P_s $=sP_m$,这说明了随着 s 的增大效率 η 降低,如果能把转差功率 P_s 的一部分回馈电网就可提高电机调速时效率。串级调速系统采用了在转子回路中串入附加电势的方法。通常使用的方法是将转子三相电动势经二极管三相桥式不控整流得到一个直流电压,由晶闸管有源逆变电路来改变转子的反电动势,从而方便地实现无级调速,并将多余的能量回馈至电网。这是一种比较经济的调速方法。本系统为晶闸管亚同步双闭环串级调速系统,控制系统由"调节器Ⅰ"、"调节器Ⅱ"、"触发电路"、"功放电路"、"速度变换"等组成,其系统原理图如图 12-1 所示。

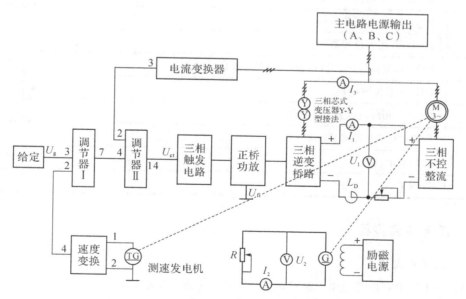

图 12-1　线绕式异步电动机串级调速系统原理图

1.按上述原理图把相应模块连接好后,完成下列系统各基本单元的调试与测定:

(1)控制单元及系统调试;

(2)测定开环串级调速系统的静态特性;

(3)测定双闭环串级调速系统的静态特性;

(4)测定双闭环串级调速系统的动态特性;

2.完成上述各单元调试后,按如下任务要求对电压单闭环直流调速系统进行性能分析:

(1)根据实验数据画出开环、闭环系统静态机械特性 $n=f(T)$,并进行比较;

(2)根据动态波形,分析系统的动态过程。

【任务步骤】

一、预习内容

熟悉了解本任务中所用到的实训器材,仔细阅读知识链接有关电机串级调速系统相关知识点。

二、训练器材

本实训使用设备材料见表 12-1。

表 12-1 设备材料表

序号	型　　　号	数量
1	PMT01 电源控制屏	1
2	PMT-02 晶闸管主电路	1
3	PMT-03 三相晶闸管触发电路	1
4	PMT-04 电机调速控制	1
5	PWD-17 可调电阻器	1
6	DD03-3 电机导轨、光码盘测速系统及数显转速表	1
7	DJ13-1 直流发电机	1
8	DJ17 三相线绕式异步电动机	1
9	PWD-20 三相芯式变压器	
10	慢扫描示波器	1
11	万用表	1

三、任务实施步骤

1.基本单元调试

PMT-02 和 PMT-03 上的"触发电路"调试见任务一中的内容。

2.闭环三相异步电机串级调速训练

（1）双闭环调速系统调试原则

1）先单元、后系统，即先将单元的参数调好，然后才能组成系统。

2）先开环、后闭环，即先使系统运行在开环状态，然后在确定电流和转速均为负反馈后才可组成闭环系统。

3）先内环，后外环，即先调试电流内环，然后调试转速外环。

4）先调整稳态精度，后调整动态指标。

（2）控制单元调试

1）调节器的调零

将 PMT-04 中"调节器Ⅰ"所有输入端接地，将 RP1 电位器顺时针旋到底，用导线将"5"、"6"两端短接，使"调节器Ⅰ"成为 P（比例）调节器。调节面板上的调零电位器 RP2，用万用表的毫伏挡测量"调节器Ⅰ"的"7"端，使调节器的输出电压尽可能接近于零。

将 PMT-04 中"调节器Ⅱ"所有输入端接地，再将 RP1 电位器顺时针旋到底，用导线将"11"、"12"两端短接，使"调节器Ⅱ"成为 P（比例）调节器。调节面板上的调零电位器 RP2，用万用表的毫伏挡测量"调节器Ⅱ"的"14"端，使调节器的输出电压尽可能接近于零。

2）调节器正、负限幅值的调整

把"调节器Ⅰ"的"5"、"6"端短接线去掉，此时"调节器Ⅰ"成为 PI（比例积分）调节器，然后将 PMT-04 挂件上的给定输出端接到"调节器Ⅰ"的"3"端。当加一定的正给定时，调整负限幅电位器 RP4，使"调节器Ⅰ"的输出负限幅值为 -6V。当调节器输入端加负给定时，调整正限幅电位器 RP3，使之输出电压为最小值。

把"调节器Ⅱ"的"11"、"12"端短接线去掉，此时调节器Ⅱ成为 PI（比例积分）调节器，然后将 PMT-04 挂件上的给定输出端接到调节器Ⅱ的"4"端，当加一定的正给定时，调整负限幅电位器 RP4，使之输出电压的绝对值为最小值，当调节器输入端加负给定时，调整正限幅电位器 RP3，使脉冲停在逆变桥两端的电压为零的位置（$\beta=90°$）。

3）电流反馈系数的整定

用弱电导线将 PMT-02 上的"电流互感器输出"对应连接到 PMT-04 上的电流变换器的"TA1、TA2、TA3"端，直接将"给定"电压 U_g 接入 PMT-03 移相控制电压 U_{ct} 的输入端，三相交流调压输出接三相线绕式异步电动机，测量三相线绕式异步电动机相电流值和电流反馈电压，调节"电流变换器"上的电流反馈电位器 RP1，使电流 $I_e=1\text{A}$ 时的电流反馈电压为 $U_{fi}=6\text{V}$。

4）转速反馈系数的整定

直接将"给定"电压 U_g 接 PMT-03 上的移相控制电压 U_{ct} 的输入端，输出接三相线绕式异步电动机，测量电动机的转速值和转速反馈电压值，调节"速度变换"电位器 RP1，使 $n=1300\text{r/min}$ 时的转速反馈电压为 $U_{fn}=-6\text{V}$。

（3）开环静态特性的测定

1）将系统接成开环串级调速系统，直流回路电抗器 L_d 接 200mH，PWD-20 三相芯式变压器挂件如图 12-2 所示，利用 PWD-20 挂件上的不控整流桥将三相线绕式异步电动机转子三相电动势进行整流，逆变变压器采用 PWD-20 挂件上的三相芯式变压器，Y/Y 接法，其中高压端 A、B、C 接 PMT01 电源控制屏的主电路电源输出 A、B、C 端,中压端 A_m、B_m、C_m 接晶闸管的三相逆变输出。R(将两个 900Ω 电阻接成并联形式再与两个 900Ω 串联)和 R_m(将两个 900Ω 接成并联形式)调到电阻阻值最大时才能开始实训。

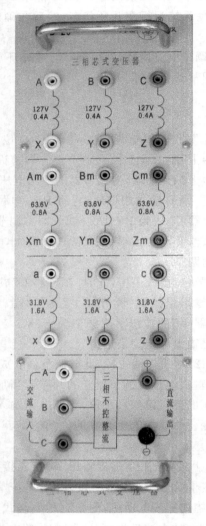

图 12-2　PWD-20 三相芯式变压器挂件

2)测定开环系统的静态特性 $n = f(T)$,T 可按交流调压调速系统的同样方法来计算。在调节过程中,要时刻保证逆变桥两端的电压大于零。将测定的静态特性数据填入见表 12-2 中,静态特性绘入图 12-3 中。

表 12-2　开环静态特性测试

$n(\mathrm{r/min})$						
$U_2 = U_g(\mathrm{V})$						
$I_2 = I_g(\mathrm{A})$						
$T(\mathrm{N \cdot m})$						

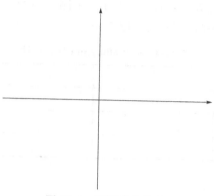

图 12-3　开环静态特性

（4）系统调试

1）确定"速度调节器"和"电流调节器"的转速、电流反馈的极性。

2）将系统接成双闭环串级调速系统，逐渐增加给定 U_g，观察电机运行是否正常，β 应在 30°～ 90°之间移相，当一切正常后，逐步把限流电阻 R_m 减小到零，以提升转速。

3）调节"调节器Ⅰ"、"调节器Ⅱ"的比例增益电位器 RP1，用慢扫描示波器观察突加给定时的动态波形，确定较佳的调节器参数。

（5）双闭环串级调速系统静态特性的测定

测定 n 为 1200r/min 时的系统静态特性 $n=f(T)$，将测定的静态特性数据填入见表 12-3 中，n 为 800r/min 时的系统静态特性绘入图 12-4 中。

表 12-3　n 为 1200r/min 静态特性

n(r/min)							
$U_2=U_g$(V)							
$I_2=I_g$(A)							
T(N·m)							

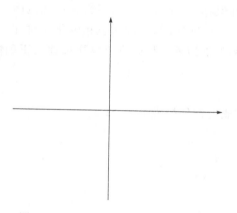

图 12-4　$n=1200$r/min 系统静态特性

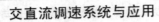
n 为 800r/min 时的系统静态特性 $n=f(T)$,将测定的静态特性数据填入见表 12-4 中,n 为 800r/min 时的系统静态特性绘入图 12-5 中。

表 12-4 n 为 800r/min 静态特性

$n(\text{r/min})$							
$U_2 = U_g(\text{V})$							
$I_2 = I_g(\text{A})$							
$T(\text{N} \cdot \text{m})$							

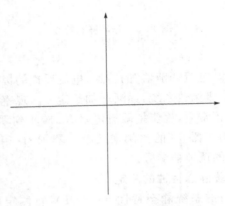

图 12-5 $n=800\text{r/min}$ 系统静态特性图

(6)系统动态特性的测定

用双踪慢扫描示波器观察并用记忆示波器记录:

1)突加给定启动电机时,转速 n("速度变换"的"4"端),和电机定子电流 I("电流变换器"的"3"端)的动态波形。

2)电机稳定运行时,突加、突减负载($20\% = >100\% I_e$)时 n 和 I 的动态波形。

3.注意事项

(1)在实验过程中应确保存 $\beta<90°$ 内变化,不得超过此范围。

(2)逆变变压器为三相心式变压器,其副边三相电压应对称。

(3)应保证有源逆变桥与不控整流桥间直流电压极性的正确性,严防顺串短路。

任务评价

课题设计与模拟调试能力评价标准见表 12-5。

表 12-5 个人技能评分标准

项目	技能要求	配分	评分标准	扣分	得分
接线	1.接线正确。	20	每遗漏或接错一根线,扣 5 分。		
	2.通电一次成功。		通电不成功扣 10 分,最多通电两次。		
通电调试与绘制曲线	1.通电调试。	50	通电调试不正确扣,15 分。		
	2.绘制调节特性曲线。		绘制调节曲线不正确,扣 5~15 分。		
	3.绘制静态特性曲线。		绘制静态曲线不正确,扣 5~20 分。		
运行调试	1.画出绕线式电机串级调速系统框图。	30	绕线式电机串级调速框图绘制不出,扣 5~15 分。		
	2.简述绕线式电机串级调速系统工作原理。		欧陆 514C 绕线式电机串级调速工作过程叙述不正确,扣 5~15 分。		
安全操作	1.工具、元件完好。	从总分中扣 5~10 分	有损坏,扣 5~10 分。		
	2.安全、规范操作无事故发生。		违反安全操作规定,扣 5~10 分,发生事故,本课题 0 分。		
总 分					
额定时间 180 分钟	开始时间		结束时间	考评员签字 年 月 日	

知识链接

一、交流电动机传动的串级调速控制

串级调速可将绕线式异步电动机的转差功率回馈至电网或送至电机轴上,即是将转差功率利用起来的一种经济、高效的调速方法。其中低同步串级系统结构简单,控制方便,可用于对旧设备进行技术改造,着重对低同步的晶闸管串级调速系统进行分析。

1.串级调速的传统方法

对于绕线式异步电动机改变转差率调速的传统方法是在转子回路中串附加电阻 R_{add} 实现调速,如图 12-6 所示。

定子绕线过程

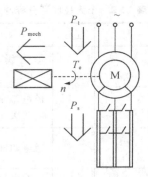

图 12-6 转子串 E_{add} 调速原理图

这种调速方法虽然简单方便,但存在以下几个缺点:

(1)调速是有级的,不平滑。

(2)在深调速时机械特性很软,致使不大的负载变化便可引起转速很大的波动。

(3)转差功率消耗在附加电阻上,特别是低速时电能损耗大,效率低。异步电动机经气隙传送到转子的电磁功率 P_m,一部分转变为机械输出功率 P_{mech},另一部分为转差功率 P_s。而转差功率 P_s 以发热形式消耗于转子绕组电阻及外接电阻 E_{add},它们之间有如下关系:

$$P_m = P_{mech} + P_s \tag{12-1}$$

$$P_m = T_e \omega_1 \tag{12-2}$$

$$P_{mech} = (1-s)P_m \tag{12-3}$$

$$P_s = sP_m = 3I_2^2(R_2 + R_{add}) \tag{12-4}$$

式中:I_2 为转子每相绕组的电流;T_e 为电动机电磁转矩;ω_1 为同步角速度;R_2 为转子绕组每相电阻。

如果不考虑电动机内部损耗,调速时电动的效率近似为:

$$\eta = \frac{P_{mech}}{P_{mech} + P_s} = \frac{(1-s)P_m}{(1-s)P_m + sP_m} = 1-s \tag{12-5}$$

当 $s=0.5$ 时,$\eta=50\%$。电磁功率 P_m 的一半变为转子铜耗而发热消耗掉。再考虑定子中的损耗,则总效率必低于 5%,转速愈低,效率愈低。因此从节能的角度来评价,这种调速方法的性能是低劣的。对中大容量的绕线式异步电机来说,若要求调速范围比较大时是不宜采用这种低效率的耗能调速方法的。

2. 串级调速原理

为了利用转差功率,使转差功率 P_s 不白白消耗在转子回路的电阻上,而将其利用起来。人们提出了另一种变 s 的调速方法,这就是串级调速。所谓串级调速就是在转子回路中串入与转子电动势 E_2 同频率的附加电动势 E_{add},如图 12-7 所示。通过改变 E_{add} 的幅值大小和相位来实现交流电动机的调速。这样电动机在低速运转时,转子中的转差功率 P_s 仅有小部分消耗于转子相电阻 R_2 上,而大部分被串入的附加电动势 E_{add} 所吸收,再利用产生附加电动势的装置,设法把所吸收的这部分转差功率回馈给电网。这种在绕线式异步电动机转子回路中串入附加电势 E_{add} 的高效率方法称为串级调速。串级调速完全克服了串电阻调速的缺点,它具有效率高、无级平滑调节、调速时机械特性较硬等许多优点。

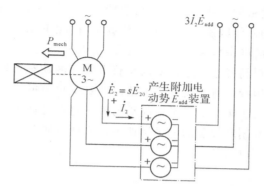

图 12-7　转子串级 E_{add} 调速原理图

为什么在转子回路中改变附加电动势 E_{add} 的幅值和相位,就可以调节电动机的转速呢?下面对串级调速的原理作简要的定性分析。

当 $E_{add}=0$ 时,电动机工作在自然机械特性上,假定电动机拖动恒额定转矩的负载,这时电动机转速处在接近额定值稳定运转的状态,此时转子电流 I_2 为

$$I_2 = \frac{E_{20}s}{\sqrt{R_2^2 + (sX_{20})^2}} \tag{12-6}$$

式中:E_{20} 为 $s=1$ 时转子开路各相电动势;X_{20} 为 $s=1$ 时转子绕组每相漏抗。

当转子串入的附加电动势与转子基本电动势反相时,转子电流 I_2 为

$$I_2 = \frac{E_{20}s - E_{add}}{\sqrt{R_2^2 + (sX_{20})^2}} \tag{12-7}$$

由于机械惯性,转差率暂时没有改变,于是转子电流 I_2 减少,则电动机产生的转矩随 I_2 而减少,使电动机电磁转矩小于负载转矩,平衡条件被破坏,迫使电动机转速减少。随着转速的减少,转差率 s 升高,由式(12-7)可知,转子电流 I_2 回升,转矩 T_e 亦相应回升,直到电动机转速降低至某值,I_2 又回升到使电动机转矩复原到与负载转矩相等时,减速过程结束。这就是低于同步速度方式的调速原理。串入附加反电动势 E_{add} 值愈大,电动机的稳态转速就愈低。

串级调速还可以向高于电动机同步速度方向调速。当附加电动势与转子基本电动势同相时,使转子电流 I_2 增加,此时

$$I_2 = \frac{E_{20}s + E_{add}}{\sqrt{R_2^2 + (sX_{20})^2}} \tag{12-8}$$

电动机电磁转矩相应增大,电动机电磁转矩值大于负载转矩,使电动机加速,s 值减少。由式(12-8)可知,随着 s 减少,转子电流 I_2 亦减少,这一过程将持续到 I_2 恢复至原值。当串入的附加电动势 E_{add} 值足够大时,电动机加速可能会超过同步速度,于是 s 小于 0,sE_{20} 小于 0,使 I_2 减少,这一过程持续到 T_e 恢复到原有数值。在新的平衡状态下,电动机在处于高于同步速度的某值下稳定运行,这就是异步电动机高于同步转速串级调速的原理。串入同相位的 E_{add} 的幅值越大,电动机的转速就越高。

二、双闭环控制的串级调速系统

与直流调速系统一样,串级调速系统通常采用具有电流反馈和转速反馈的双闭环控制

方式,从而提高静态调速精度以获得较好的动态特性。所谓动态特性的改善一般只是指起动与加速过程性能的改善,而减速过程只能靠负载作用自由降速。

由于串级调速系统的静态特性中静差率较大,所以开环控制系统只能用于对调速精度要求不高的场合。为了提高静态调速精度以及获得较好的动态特性,通常采用转速电流双闭环控制方案。由于在串级调速系统中转子整流器是不可控的,所以系统不能产生电气制动作用。所谓动态性能的改善一般只是指起动与加速过程性能的改善,而减速过程依靠负载作用自由降速。具有双闭环控制的串级调速系统原理图如图 12-8 所示。

位置随动系统

工业 4.0

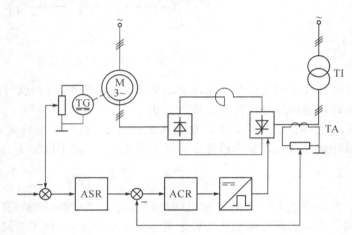

图 12-8　双闭环控制的串级调速系统原理图

图 12-8 中转速反馈信号取自与异步电动机连接的测速发电机,电流反馈信号取自逆变器交流侧,也可通过霍尔变换器或直流互感器从转子直流回路中获取。串级调速系统的工作与直流不可逆双闭环调速系统一样,具有静态稳速与动态恒流的作用。所不同的是它的控制作用都是通过异步电动机转子回路实现的,系统在突加给定时的起动动态过程与直流调速系统一样。起动初期,速度调节器处于饱和输出状态,系统相当于转速开环。随着起动过程的进行,电流调节器的输出增大,使逆变器的逆变角增大,逆变电压减少,打破了起动开始瞬间逆变电压大于电动机转子不动时整流电压的条件,产生直流电流,使电动机有电磁转矩而加速起动。在电动机转速未到达给定值以前,调速系统中的电流环始终起着电流跟踪作用,以维持动态电流为恒定,使加速过程中逆变电压与转子整流器输出电压的变化速率相同。直到电动机的转速超调,速度调节器退出饱和,转速环才投入工作,以保证最终获得与给定转速一致的转速。

对双闭环串级调速系统的动态校正主要从系统的抗干扰性能来考虑,即要使系统在负载扰动时具有良好的动态响应能力。与直流调速系统不同的是系统中转子直流回路的时间常数及放大系数不是常数,而是转速的函数,所以电流环是一非定常系统。异步电动机的机电时间常数也不是常数,而是电流函数,这又和直流调速系统不同,即系统是非定常的。这样,采用与直流调速类似的工程设计法进行系统综合时会带来一定的问题。而为了得到满意的动态特性,应使电流调节器和速度调节器的参数随电机的"实际转速"及直流回路电流值相应地改变。

思考与练习

1. 根据实验数据画出开环、闭环系统静态机械特性 $n = f(T)$，并进行比较。
2. 根据动态波形，分析系统的动态过程。

任务十三　步进电机调速在机械手控制的应用

1. 了解掌握步进电机定位调速的基本原理
2. 可以对步进电机进行简单的安装调试
3. 了解掌握步进电机控制器与 PLC 的接线
4. 能用步进电机对自动化系统进行位置和速度控制设计调试

任务描述

　　步进电机是将电脉冲信号转变为角位移或线位移的开环控制元件。在非超载的情况下，电机的转速、停止的位置只取决于脉冲信号的频率和脉冲数，而不受负载变化的影响，即给电机加一个脉冲信号，电机转过一个步距角。这一线性关系的存在，加上步进电机只有周期性的误差而无累积误差等特点，使得在速度、位置等控制领域用步进电机来控制变得非常简单。步进电动机作为一种小容量的控制电动机，由于其控制简单，相对于交流异步电动机来讲，控制精度高，相对于交流伺服控制系统来讲，价格低廉，特别是目前步进控制器的控制细分步已可以达到 10000，因而其广泛地用于数控机床、汽车油泵精密喷油控制以及其他开环位置和速度控制等场合。

　　由步进电机驱动的机械手实训模型的机械结构由滚珠丝杆、滑杆、气缸、气夹等机械部件组成；电气方面由步进电机、限位开关、开关电源、电磁阀等电子器件组成。步进电机控制滚珠丝杆机械手模型如图 13-1 所示。

图 13-1　滚珠丝杆机械手模型

图 13-2 所示为机械手顺序控制工作图。

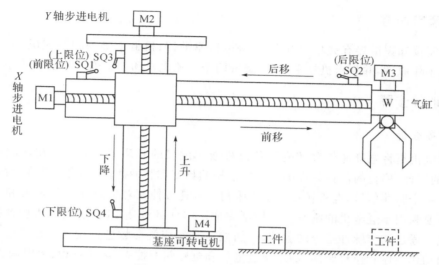

图 13-2　机械手顺序控制工作图

要求机械手实现如下控制：

（1）启动、竖轴上升；

（2）横轴前伸；

（3）电磁阀动作，手张开；

（4）竖轴下降；

（5）电磁阀动作，手夹紧；

（6）竖轴上升；

（7）横轴缩回；

（8）竖轴下降；

（9）电磁阀动作，手张开；

（10）竖轴上升；

（11）运行至上位，停止复位；

（12）机械手上下、左右移动速度可以调节；

（13）在完成单循环控制控制后，机械手并不停止，循环动作，按停止按钮后，机械手运行一个周期后停止。

任务实施

一、实训器材

（1）步进电机及驱动器各 1 台。

（2）机械手模拟输送模型 1 实训装置 1 套。

（3）三菱 FX$_{2N}$-32MT PLC 1 台。

（4）电工工具 1 套。

（5）开关、导线等若干。

二、预习内容

仔细阅读知识链接有关步进电机、步进电机驱动器、机械手等的相关知识,了解步进电机工作的工作原理,并列出机械手横轴、竖轴两个直流电机和抓手磁阀的动作顺序。

三、训练步骤

1.任务分析

步进电机是将电脉冲信号转变为角位移或线位移的开环控制元件。在非超载的情况下,电机的转速、停止的位置只取决于脉冲信号的频率和脉冲数,而不受负载变化的影响,即给电机加一个脉冲信号,电机转过一个步距角。本任务控制对象为机械手 X 轴和 Y 轴移动位移。主要利用步进电机的精确位移控制完成。本任务利用 PLC 步进电机脉冲控制指令编程完成。通过调节脉冲指令的脉冲数、加减速时间相关参数进行设置。首先必须弄清楚机械手的动作顺序和位移距离,确定步进电机和电磁阀的控制,然后编程、模拟调试。

2.步进电机—PLC 设计

(1)I/O 输入输出配置

步进电机控制主机 I/O 输入输出配置见表 13-1。

表 13-1　I/O 输入输出

开关量输入信号				开关量输出信号			
序号	地址	代号	作用	序号	地址	代号	作用
1	X0	SB1	启动按钮	1	Y0	PUL	X 轴脉冲
2	X1	SQ1	X 轴前限位	2	Y1	PUL	Y 轴脉冲
3	X2	SQ2	X 轴后限位	3	Y2	DIR	X 轴方向
4	X3	SQ3	Y 轴上限位	4	Y3	DIR	Y 轴方向
5	X4	SQ4	Y 轴下限位	5	Y4	YV	手抓电磁阀张开
6	X5	SB2	停止按钮				

(2)步进电机接线图

步进电机接线如图 13-3 所示。

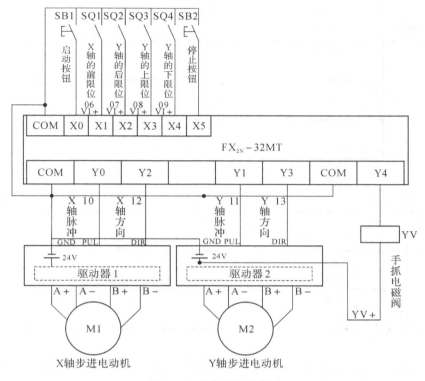

图 13-3　步进电机接线图

（3）程序设计

1）初始化及启动程序

初始化程序如图 13-4 所示，主要设定步进电机的脉冲参数。其中 D100、D102、D104 为 X 轴，输出脉冲的最高频率为 4000Hz，总输出脉冲数 500000，加减速时间为 100ms；D200、D202、D204 为 Y 轴，输出脉冲的最高频率为 4000Hz，总输出脉冲数 500000，加减速时间为 100ms。按下启动按钮 X0，进入状态 M100。M8018 为内装 RTC 检测，常闭时为 0。

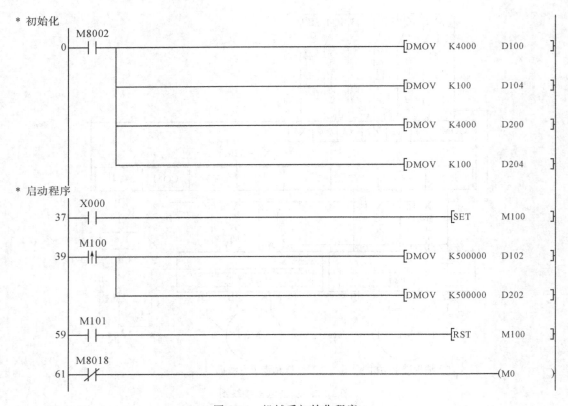

图 13-4　机械手初始化程序

其他程序请同学自行设计。

3. 模拟调试

(1)上机模拟调试

1)使用时先将气泵打开,运行一段时间后关闭。将模型上的导气管接入气泵中。

2)在上电前请先不要将电源引到各个模块,以免因电源故障损坏。请先上电检查电源输出是否正常。

3)将交流电源通过三芯电源线连到模型上,打开电源开关,即可上电。

4)上机输入程序、接线、PLC 与机械手模型接线参照表 13-2 进行。

表 13-2　机械手接线端口对应表

对应号	输入代号	对应号	输入代号	对应号	输出代号
00	COM	09	SQ4	13	Y 轴方向
06	SQ1	10	X 轴脉冲	18	YV
07	SQ2	11	Y 轴脉冲		
08	SQ3	12	X 轴方向		

5)接线完毕,检查无误后,才可通电,进入模拟调试。严禁带电插拔。模拟调试完毕,应及时关闭电源开关,并及时清理实验板面,整理好连接导线并放置规定的位置。

（2）注意事项

1）在上电前请先不要将电源引到各个模块，以免因电源故障损坏。

2）接线完毕，检查无误后，才可通电，严禁带电插拔。

3）在实训的始终，实训教学模型上要保持整洁，不可随意放置杂物，特别是导电的工具和多余的导线等，以免发生短路等故障。

4）实训完毕，应及时关闭电源开关，及时清理台面，整理好连接导线并放置在规定的位置。

5）请不要长时间挤压行程开关，以免减短行程开关使用寿命。

6）若发生不能上电，请检查插座上保险丝是否完好，若运作不正常请检查驱动器设置，并确保驱动器插件已插好。

任务评价

任务设计与模拟调试能力评价标准见表13-3。

表 13-3 个人技能评分标准

序号	主要内容	考核要求	评分标准	配分	扣分	得分
1	调试准备工作	1. 正确操作打开气泵。 2. 正确对步进电机进行参数设置。 3. 正确连接实训装置主机与控制对象。	1. 不能正确操作气泵，扣2～5分。 2. 不能正确设置步进电机参数扣5～8分。 3. 不能正确连接PLC装置与实训模型扣5～8分。	20		
2	程序输入	1. 指令输入熟练正确。 2. 程序编辑、传输方法正确。	1. 指令输入方法不正确，每提醒一次扣5分。 2. 程序编辑方法不正确，每提醒一次扣5分。 3. 传输方法不正确，每提醒一次扣5分。	10		
3	系统模拟调试	1. 步进电机外部模拟接线符合要求。 2. 调试方法合理正确。 3. 正确处理调试过程中出现故障。	1. 错、漏接线，每处扣5分。 2. 调试不熟练，扣5～10分。 3. 调试过程原理不清楚，扣5～10分。 4. 带电插拔导线，扣5～10分。 5. 不能根据故障现象正确采取相应处理方法扣5～20分。	30		
4	通电试车	系统成功调试	1. 一次试车不成功扣20分。 2. 次试车不成功扣30分。 3. 三次试车不成功扣40分。	40		
5	安全生产	1. 正确遵守安全用电规则，不得损坏电器设备或元件。 2. 调试完毕后整理好工位。	1. 违反安全文明生产规程、损坏电器元件扣5～40分。 2. 操作完成后工位乱或不整理扣10分。	倒扣		
备注	各项内容最高分不得超过额定配分		合计	100		
额定时间120分钟	开始时间		结束时间	考评员签字	年 月 日	

知识链接

一、运动控制简介

在工业生产中,运动控制系统既用于提高产品的质量,也用于提高产品的产量。例如,生产过程中对机器手的定位控制、机床数控、造纸厂中纸张滚卷的恒张力控制、热轧厂中对金属板厚度的控制、在现代武器系统中导弹制导系统控制导弹正确命中目标、惯性导航使人造卫星按预定轨迹运行、雷达跟踪系统控制火炮射击的高度和方位等。运动控制技术正在不断地深入到各个领域并迅速地向前推进,其应用范围几乎涵盖了所有的工业领域。运动控制就是在自动控制理论的指导下,对机械运动部件的位置、速度等进行实时的控制和管理,使其在各种驱动装置的作用下,按照预期的运动轨迹和规定的运动参数进行运动。一般的运动控制系统是一个以控制器(如运动控制计算机单元)为核心,以电力电子功率变换装置(如交流伺服驱动单元)为驱动单元,以机电能量转换装置(如交流伺服电动机)为执行器组成的机械电子系统.

运动控制系统按被控物理量分为调速系统和位置随动系统。以速度为被控量的运动控制系统称为调速系统;以直线位移或角位移为被控量的运动控制系统称为位置随动系统,或称伺服系统。按驱动电动机的类型分有步进传动系统、直流传动系统和交流传动系统。用步进电动机驱动生产机械的运动控制系统称为步进传动系统;用直流电动机驱动生产机械的运动控制系统称为直流传动系统;用交流电动机带动生产机械运动控制系统称为交流传动系统。

二、步进电动机及步进控制器

步进电机是将电脉冲信号转变为角位移或线位移的开环控制元件。在非超载的情况下,电机的转速、停止的位置只取决于脉冲信号的频率和脉冲数,而不受负载变化的影响,即给电机加一个脉冲信号,电机转过一个步距角。这一线性关系的存在,加上步进电机只有周期性的误差而无累积误差等特点,使得在速度、位置等控制领域用步进电机来控制变得非常简单。

虽然步进电机已被广泛地应用,但步进电机并不能像普通的直流电机和交流电机那样在常规下使用。它必须由双环形脉冲信号、功率驱动电路等组成控制系统方可使用。因此,用好步进电机并非易事,它涉及机械、电机、电子及计算机等许多专业知识。步进电机控制系统如图13-5所示。

目前,生产步进电机的厂家的确不少,但具有专业技术人员,能够自行开发、研制的厂家却非常少,大部分的厂家只有一二十人,连最基本的设备都没有,仅仅处于一种盲目的仿制阶段。这就给用户在产品选型和使用中造成许多麻烦。步进电机是将电脉冲信号转变为角位移或线位移的一种开环线性执行元件,具有无累积误差、成本低、控制简单等特点。产品从相数上分有二、三、四、五相,从步距角上分有 0.9°/1.8°、0.36°/0.72°,从规格上分有 $\varphi42\sim\varphi130$,从静力矩上分有 $0.1\sim40N\cdot M$。

由于步进电动机可将输入的数字脉冲信号转换成相应的角位移,易于采用计算机控制,

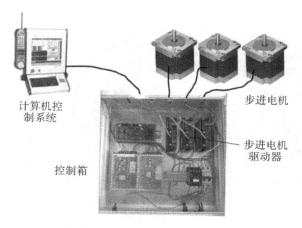

图 13-5　步进电机控制系统

且精度高,被广泛用于开环控制系统中。步进电动机传动的开环控制系统由于结构简单、使用维护方便、可靠性高、制造成本低等一系列的优点,特别适合于简易的经济型数控机床和普通机床的数控化技术改造,并且在中小型机床和速度、精度要求不十分高的场合得到了广泛的应用。但步进电动机并不能像普通的直流电动机、交流电动机在常规下使用,它必须在由双环形脉冲信号、功率驱动电路等组成的控制系统中方可使用。因此用好步进电动机确非易事,它涉及机械、电动机、电子及计算机等许多专业知识。步进电动机种类繁多,按电磁设计一般分为变磁阻式(VR 型)(或反应式)、永磁式(PM 型)和混合式(HB 型)步进电动机。其中反应式步进电动机应用最为普遍,结构也比较简单,所以着重分析这类电动机。

三、步进电动机工作原理

1. 工作原理

下面以一台最简单的三相反应式步进电动机为例,简介步进电机的工作原理。图 13-6 所示是一台三相反应式步进电动机的原理图。定子

三相六拍

铁心为凸极式,共有三对(六个)磁极,每两个空间相对的磁极上绕有一相控制绕组。转子用软磁性材料中制成,也是凸极结构,只有四个齿,齿宽等于定子的极宽。

当 A 相控制绕组通电,其余两相均不通电,电机内建立以定子 A 相极为轴线的磁场。由于磁通具有总是走磁阻最小路径的特点,使转子齿 1、3 的轴线与定子 A 相极轴线对齐,如图 13-6(a)所示。当 A 相控制绕组断电、B 相控制绕组通电时,转子在反应转矩的作用下,逆时针转过 30°,使转子齿 2、4 的轴线与定子 B 相极轴线对齐,即转子走了一步,如图 13-6(b)所示。若再断开 B 相,使 C 相控制绕组通电,转子逆时针方向又转过 30°,使转子齿 1、3 的轴线与定子 C 相极轴线对齐,如图 13-6(c)所示。如此按 A—B—C—A 的顺序轮流通电,转子就会一步一步地按逆时针方向转动。其转速取决于各相控制绕组通电与断电的频率,旋转方向取决于控制绕组轮流通电的顺序。若按 A—C—B—A 的顺序通电,则电动机按顺时针方向转动。

上述通电方式称为三相单三拍。"三相"是指三相步进电动机;"单三拍"是指每次只有一相控制绕组通电;控制绕组每改变一次通电状态称为一拍,"三拍"是指改变三次通电状态

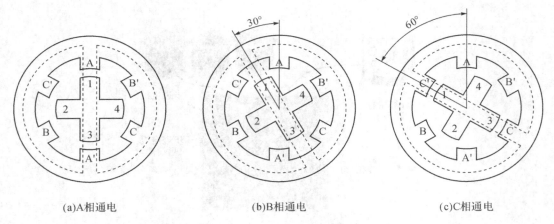

(a)A相通电   (b)B相通电   (c)C相通电

图 13-6　三相反应式步进电动机的原理图

为一个循环。把每一拍转子转过角度称为步距角。三相单三拍运行时,步距角为 30°。显然,这个角度太大,不能付诸实用。

如果把控制绕组的通电方式改为 A→AB→B→BC→C→CA→A,即一相通电接着二相通电间隔地轮流进行,完成一个循环需要经过六次改变通电状态,称为三相单、双六拍通电方式。当 A、B 两相绕组同时通电时,转子齿的位置应同时考虑到两对定子极的作用,只有 A 相极和 B 相极对转子齿所产生的磁拉力相平衡的中间位置,才是转子的平衡位置。这样,单、双六拍通电方式下转子平衡位置增加了一倍,步距角为 15°。

进一步减少步距角的措施是采用定子磁极带有小齿、转子齿数很多的结构。分析表明,这种结构的步进电动机,其步距角可以做得很小。一般地说,实际的步进电机产品都采用这种方法实现步距角的细分。改变控制绕组数(相数)或极数(转子齿数),可以改变步长的大小。它们之间的相互关系,可由下式计算:

$$L = 360 \, P \times N \tag{13-1}$$

式中:L 为步长;P 为相数;N 为转子齿数。

2.步进电动机驱动器

步进电动机不能直接接到交、直流电源上工作,而必须使用专用设备——步进电动机驱动器。步进电动机驱动系统的性能除与电动机自身的性能有关外,在很大程度上还取决于驱动器的优劣。因此,对步进电动机驱动器的研究几乎是与步进电动机的研究同步进行的。步进电动机驱动器是步进系统中的核心组件之一,如图 13-7 所示,它按照控制器发来的脉冲/方向指令(弱电信号)对电动机线圈电流(强电)进行控制,从而控制电动机转轴的位置和速度。

步进电动机驱动器由环形分配器、信号放大与处理级、推动级、驱动级等部分组成,用于功率步进电动机的驱动器还要有很多种保护电路。

环形分配器用来接收来自控制器的 CP 脉冲,并按步进电动机状态转换表要求的状态顺序产生各相导通或截止的信号。每来一个 CP 脉冲,环形分配器的输出转换一次。

步进电机驱动器

图 13-7　步进系统驱动器

　　因此,步进电动机转速的高低、升速或降速、启动或停止都完全取决于 CP 脉冲的有无。同时,环形分配器还要接收控制器的方向信号,从而决定其输出的状态转换是按正序还是反序进行,于是就决定了步进电动机的转向。接收 CP 脉冲和方向信号是环形分配器的基本功能。从环形分配器输出的各相导通或截止的信号送入信号放大与处理级。信号放大的作用是将环形分配器输出信号加以放大,变成足够大的信号送入推动级,这中间一般既需要电压放大,也需要电流放大。信号处理是实现信号的某些转换、合成等功能,产生斩波、整形等特殊功能的信号,从而产生特殊功能的驱动输出。信号放大与处理级还经常与各种保护电路、控制电路组合在一起,形成较高性能的驱动输出。驱动级直接与步进电动机各相绕组连接,它接收来自推动级的信号,控制电动机各相绕组的导通与截止,同时也对绕组承受的电压和电流进行控制。

　　另外,在步进电动机步距角不能满足使用条件时,可采用细分驱动器来驱动步进电动机。细分驱动器的原理是通过改变相邻两相绕组(A,B)电流的大小,以改变合成磁场的夹角来控制步进电动机运转的。可以说,细分驱动器是将脉冲拍数进行细分或将旋转磁场进行数字化处理。若将磁场进行细分,其控制精度取决于步进电动机自身精度的高低。

　　不过,也可根据不同厂家的步进电动机进行修正,但这不是一般驱动器生产厂家所能做到的。因此,细分驱动器往往用在降低噪音和提高电动机轴输出的平稳性上。细分驱动器细分步是指将整步细分成多少个微步。细分步的设定一般通过步进驱动器的 DIP 开关位置确定,目前步进驱动器已可做到细分步 10000,即 10000 个控制脉冲,步进电动机旋转 360°。

　　3. 步进电机的静态指标术语

　　相数:产生不同对极 N、S 磁场的激磁线圈对数,常用 m 表示。

　　拍数:完成一个磁场周期性变化所需脉冲数或导电状态,用 n 表示,或指电机转过一个齿距角所需脉冲数。以四相电机为例,有四相四拍运行方式即 AB—BC—CD—DA—AB,四相八拍运行方式即 A—AB—B—BC—C—CD—D—DA—A。

　　步距角:对应一个脉冲信号,电机转子转过的角位移,用 θ 表示。

　　定位转矩:电机在不通电状态下,电机转子自身的锁定力矩(由磁场齿形的谐波以及机械误差造成)。

静转矩:电机在额定静态电作用下,电机不作旋转运动时,电机转轴的锁定力矩。此力矩是衡量电机体积(几何尺寸)的标准,与驱动电压及驱动电源等无关。虽然静转矩与电磁激磁安匝数成正比,与定齿转子间的气隙有关,但过分采用减小气隙,增加激磁安匝来提高静力矩是不可取的,这样会造成电机的发热及机械噪音。

4.步进电机动态指标及术语

(1)步距角精度

步距角精度步进电机每转过一个步距角的实际值与理论值的误差,用百分比表示,即误差/步距角×100%。不同运行拍数其值不同,四拍运行时应在5%之内,八拍运行时应在15%以内。

(2)失步

电机运转时运转的步数,不等于理论上的步数,称之为失步。

(3)失调角

失调角指转子齿轴线偏移定子齿轴线的角度。电机运转必存在失调角,由失调角产生的误差采用细分驱动是不能解决的。

(4)最大空载起动频率

最大空载起动频率电机在某种驱动形式、电压及额定电流下,在不加负载的情况下,能够直接起动的最大频率。

(5)最大空载的运行频率

最大空载的运行频率指电机在某种驱动形式、电压及额定电流下,电机不带负载的最高转速频率。

(6)运行矩频特性

电机在某种测试条件下测得运行中输出力矩与频率关系的曲线称为运行矩频特性,这是电机诸多动态曲线中最重要的,也是电机选择的根本依据,如图13-8所示。

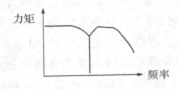

图13-8 电机运行矩频特性

其他特性还有惯频特性、起动频率特性等。电机一旦选定,电机的静力矩确定,而动态力矩却不然,电机的动态力矩取决于电机运行时的平均电流(而非静态电流)。平均电流越大,电机输出力矩越大,即电机的频率特性越硬,如图13-9所示。

图13-9中曲线3电流最大或电压最高;曲线1电流最小或电压最低。曲线与负载的交点为负载的最大速度点。要使平均电流大,应尽可能提高驱动电压,采用小电感大电流的电机。

驱动电源

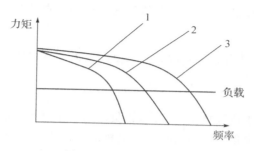

图 13-9　电机惯频特性

（7）电机的共振点

步进电机均有固定的共振区域，二、四相感应子式步进电机的共振区一般在 80～250pps 之间（步距角 1.8°）或在 400pps 左右（步距角为 0.9°），电机驱动电压越高，电机电流越大，负载越轻，电机体积越小，则共振区向上偏移，反之亦然。为使电机输出电矩大，不失步且整个系统的噪音降低，一般工作点均应偏移共振区较多。

5. 步进电动机的控制与驱动

步进电动机的电枢通断电次数和各相通电顺序决定了输出角位移和运动方向，控制脉冲分配频率可实现步进电动机的速度控制，因此，步进电机控制系统一般采用开环控制方式。开环步进电动机控制系统主要由环形分配器、功率驱动器、步进电动机等组成。

（1）环形分配

步进电动机在一个脉冲的作用下，转过一个相应的步距角，因而只要控制一定的脉冲数，即可精确控制步进电动机转过的相应的角度。但步进电动机的各绕组必须按一定的顺序通电才能正确工作，这种使电动机绕组的通断电顺序按输入脉冲的控制而循环变化的过程称为环形脉冲分配。

实现环形分配的方法有两种。一种是计算机软件分配，即采用查表或计算的方法使计算机的三个输出引脚依次输出满足速度和方向要求的环形分配脉冲信号。这种方法能充分利用计算机软件资源，以减少硬件成本，尤其是多相电动机的脉冲分配更显示出它的优点。但由于软件运行会占用计算机的运行时间，因而会使插补运算的总时间增加，从而影响步进电动机的运行速度。

另一种是硬件环形分配，即采用数字电路搭建的或专用的环形分配器件将连续的脉冲信号经电路处理后输出环形脉冲。采用数字电路搭建的环形分配器通常由分立元件（如触发器、逻辑门等）构成，特点是体积大、成本高、可靠性差。专用的环形分配器目前市面上有很多种，如 CMOS 电路 CH250 即为三相步进电动机的专用环形分配器。这种方法的优点是使用方便，接口简单。

（2）功率驱动

要使步进电动机能输出足够的转矩以驱动负载工作，必须为步进电机提供足够功率的控制信号。实现这一功能的电路称为步进电动机驱动电路。驱动电路实际上是一个功率开关电路，其功能是将环形分配器的输出信号进行功率放大，得到步进电动机控制绕组所需要的脉冲电流及所需要的脉冲波形。步进电动机的工作特性在很大程度上取决于功率驱动器的性能。对每一相绕组来说，理想的功率驱动器应使通过绕组的电流脉冲尽量接近矩形波。

但由于步进电动机绕组有很大的电感,要做到这一点是有困难的。

6.步进电机的选择

步进电机由步距角(涉及相数)、静转矩及电流三大要素组成。一旦三大要素确定,步进电机的型号便确定下来了。

(1)步距角的选择

电机的步距角取决于负载精度的要求,将负载的最小分辨率(当量)换算到电机轴上,计算每个当量电机应走多少角度(包括减速)。电机的步距角应等于或小于此角度。目前市场上步进电机的步距角一般有 $0.36°/0.72°$(五相电机)、$0.9°/1.8°$(二、四相电机)、$1.5°/3°$(三相电机)等。

(2)静力矩的选择

步进电机的动态力矩一下子很难确定,我们往往先确定电机的静力矩。静力矩选择的依据是电机工作的负载,而负载可分为惯性负载和摩擦负载两种。单一的惯性负载和单一的摩擦负载是不存在的。直接起动时(一般由低速)时两种负载均要考虑,加速起动时主要考虑惯性负载,恒速运行进只要考虑摩擦负载。一般情况下,静力矩应为摩擦负载的 2~3 倍内。静力矩一旦选定,电机的机座及长度便能确定下来(几何尺寸)。

(3)电流的选择

静力矩一样的电机,由于电流参数不同,其运行特性差别很大,可依据矩频特性曲线图判断电机的电流(参考驱动电源及驱动电压)。

综上所述,选择步进电机一般应遵循如图 13-10 所示的步骤。

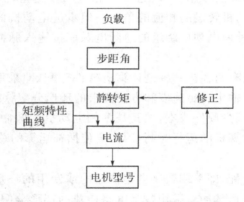

图 13-10 步进电机选择步骤

7.应用中的注意点

(1)步进电机应用于低速场合——每分钟转速不超过 1000 转,(0.9°时 6666pps),最好在 1000~3000pps(0.9°)间使用,可通过减速装置使其在此间工作,此时电机工作效率高,噪音低。

(2)步进电机最好不使用整步状态,整步状态时振动大。

(3)由于历史原因,只有标称为 12V 电压的电机使用 12V 外,其他电机的电压值不是驱动电压伏值,可根据驱动器选择驱动电压(建议:57BYG 采用直流 24~36V,86BYG 采用直流 50V,110BYG 采用高于直流 80V),当然 12V 的电压除 12V 恒压驱动外也可以采用其他驱动电源,不过要考虑温升。

(4)转动惯量大的负载应选择大机座号电机。

(5)电机在较高速或大惯量负载时,一般不在工作速度起动,而采用逐渐升频提速,一电机不失步,二可以减少噪音同时可以提高停止的定位精度。

(6)高精度时,应通过机械减速、提高电机速度,或采用高细分数的驱动器来解决,也可以采用5相电机,不过其整个系统的价格较贵,生产厂家少,其被淘汰的说法是外行话。

(7)电机不应在振动区内工作,如若必须可通过改变电压、电流或加一些阻尼来解决。

(8)电机在600PPS(0.9°)以下工作,应采用小电流、大电感、低电压来驱动。

(9)应遵循先选电机后选驱动的原则。

四、本任务步进电机

1.步进电机结构

本任务机械手驱动采用二相八拍混合式步进电机,该步进电机主要特点是体积小,具有较高的起动和运行频率,有定位转矩等优点。本模型中采用串联型接法,其电气图如图13-11所示。

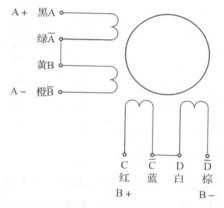

图13-11　步进电机结构图

2.步进电机驱动器

步进电机驱动器主要有电源输入部分、信号输入部分、输出部分等。驱动器参数如表13-4、表13-5、表13-6所示。

表13-4　电气规格

说明	最小值	典型值	最大值	单位
供电电压	18	24	40	V
均值输出电流	0.21	1	1.50	A
逻辑输入电流	6	15	30	mA
步进脉冲响应频率	—	—	100	kHz
脉冲低电平时间	5		1	μs

表 13-5　电流设定

电流值	SW1	SW2	SW3
0.21A	OFF	ON	ON
0.42A	ON	OFF	ON
0.63A	OFF	OFF	ON
0.84A	ON	ON	OFF
1.05A	0FF	ON	OFF
1.26A	ON	OFF	OFF
1.50A	OFF	OFF	OFF

表 13-6　细分设定

细分倍数	步数/圈(1.8°整步)	SW4	SW5	SW6
1	200	ON	ON	ON
2	400	OFF	ON	ON
4	800	ON	OFF	ON
8	1600	OFF	OFF	ON
16	3200	ON	ON	OFF
32	6400	OFF	ON	OFF
64	12800	OFF	ON	OFF
由外部确定 动态改细分/禁止工作		OFF	OFF	OFF

注:灰色区域为本任务步进电机驱动器设置参数。

　　步进电机驱动器的连接如图 13-12 所示,驱动器电源由面板上电源模块提供,注意正负极性,驱动器信号端采用+24V 供电,需加 1.5K 限流电阻(见图中 1.5K 电阻)。驱动器输入端为低电平有效,在使用不同厂家的 PLC 产品配套此模型使用时,要选择相应的输出方式,或者加入合适的电平转换板进行电平转换。

　　(1)两个步进电机驱动器的电源由 24V 电源提供,将步进电机的 OPTO 端与本驱动器的+24V 相连。

　　(2)两个直流电机的电源由 24V 电源提供,MC 接本模块的 VCC。MR 和 ML 端接 PLC 或电平转换板的输出端。

　　(3)限位信号模块电源由 24V 电源提供,本模块的 V-接模块电源的地。

　　(4)电磁阀的 YV+与电源模块的 VCC。YV-端接到 PLC 或电平转换板的输出端。

　　(5)本模型所用输入输出均为低电平有效,配有主机的模型已经加装好电平转换板,可直接使用。不带主机的模型将随机附带一块电平转换板,当实际使用的主机为晶体管漏极输出型时,将转换板加在主机输出端与模型输入端之间即可正常使用。

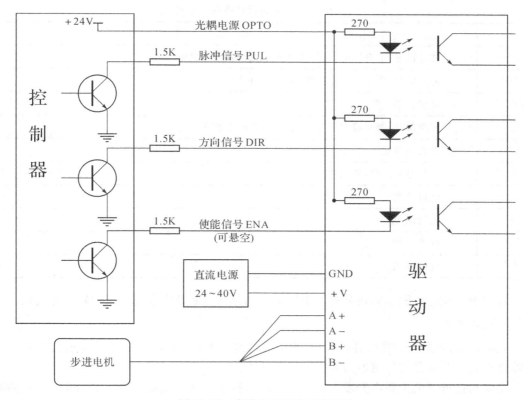

图 13-12　步进电机驱动器连接图

电平转换板原理图如图 13-13 所示。其中 IN 端接 PLC 的输出端口, OUT 端接模型的信号输入端, COM 端接 PLC 的传感器电源负端。电平转换板原理如图 13-13 所示。

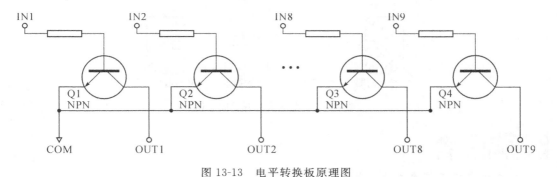

图 13-13　电平转换板原理图

步进电机驱动器接线信号见表 13-7。

运动控制系统

191

表 13-7　步进电机驱动器接线信号

信号	功　　能
PUL	脉冲信号：上升沿有效，每当脉冲由低变高时电机走一步
DIR	方向信号：用于改变电机转向，TTL 平驱动
OPTO	光耦驱动电源
ENA	使能信号：禁止或允许驱动器工作，低电平禁止
GND	直流电源地
+V	直流电源正极，典型值+24V
A+	电机 A 相
A−	电机 A 相
B+	电机 B 相
B−	电机 B 相

装置中直流电机驱动模块是有两个继电器的吸合与断开来控制电机的转动方向的。

3.光电开关

光电传感器 是利用光的各种性质，检测物体的有无和表面状态的变化等的传感器。其中输出形式为开关量的传感器为光电式接近开关。

光电式接近开关主要由光发射器和光接收器构成。如果光发射器发射的光线因检测物体不同而被遮掩或反射，到达光接收器的量将会发生变化。光接收器的敏感元件将检测出这种变化，并转换为电气信号进行输出，其大多使用可视光（主要为红色，也用绿色、蓝色来判断颜色）和红外光。如图 13-14 所示。

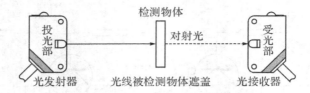

图 13-14　光电接近开关原理图

思考与练习

1.步进电机工作原理是什么？

2.PLC 如何实现对步进电机的控制？

3.步进电机控制系统设计应注意哪些问题？

任务十四　伺服电机调速在物料输送控制的应用

任务目标

1. 了解掌握伺服电机位置和速度控制的工作原理。
2. 掌握伺服电机驱动器的参数设置。
3. 了解掌握伺服电机驱动器与 PLC 的接线。
4. 能用伺服电机与 PLC 进行位置和速度控制设计调试。

任务描述

随着集成电路、电力电子技术和交流可变速驱动技术的发展,永磁交流伺服驱动技术有了突出的发展,各国著名电气厂商相继推出各自的交流伺服电动机和伺服驱动器系列产品,并不断完善和更新。交流伺服系统已成为当代高性能伺服系统的主要发展方向。近年来,世界各国已经商品化了的交流伺服系统是采用全数字控制的正弦波电动机伺服驱动。交流伺服驱动装置在传动领域的发展日新月异。

某工厂物料输送控制系统由供料单元、加工单元、卸料单元、输送单元构成。输送单元位置定位控制采用日本松下 MHMD022P1U 永磁同步交流伺服电机,及 MADDT1207003 全数字交流永磁同步伺服驱动装置作为动力驱动装置,输送单元在伺服电机驱动下,依靠伺服电机精准的定位控制特性,运行于供料单元、加工单元、卸料单元之间,如图 14-1 所示。

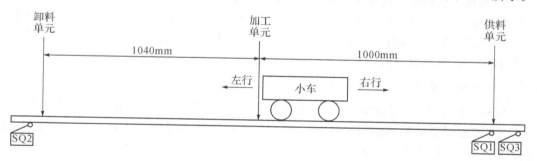

图 14-1　物料输送控制系统图

设定供料单元 SQ1 处为物料输送控制系统初始原点,为输送单元工作的起始位置,SQ2 和 SQ3 为输送单元左右运动极限。控制要求如下:

(1)控制系统分为手动和自动两种状态,每种状态均有相应指示灯亮。

(2)手动状态下,按动左移按钮 SB2 或右移按钮 SB3,输送单元可以在供料单元和卸料单元之间以 150mm/s 的速度左右移动。

（3）自动状态下，无论输送单元在任何位置，按复位 SB1 按钮，输送单元均应以 250mm/s 的速度回到供料单元初始原点处。

（4）自动状态下，输送单元位于初始原点处，按启动按钮 SB1，输送单元以 400mm/s 的速度从供料单元右移至加工单元，延时 10s，等待物料加工完毕后以 400mm/s 的速度移至卸料单元，延时 8s，等待物料卸料完毕后以 500mm/s 的速度左移回到供料单元初始原点 SQ1 处，等待装料，10s 后输送单元自动以 400mm/s 的速度从供料单元右移至加工单元，开始下一轮工作顺序，如此循环。

（5）自动状态下，按停止按钮，输送单元无论在何工作状态下，立即停止运动。

任务实施

一、实训器材

（1）松下 MINAS A4 系列伺服电机及伺服电机驱动器 1 套。

（2）物料模拟输送模型 1 实训装置 1 套。

（3）三菱 FX$_{2N}$-48MT PLC 1 台。

（4）电工工具 1 套。

（5）开关、导线等若干。

二、预习内容

预习伺服电机的工作原理及运行操作过程。

三、实训步骤

1.任务分析

从工作任务可以看到，输送单元传送工件的过程是一个步进顺序控制过程，包括两个方面，一是伺服电机驱动输送单元抓取机械手的定位控制，二是输送单元到各工作单元物料台上抓取或放下工件，其中前者是关键。本任务选用松下 MINAS A4 系列伺服电机驱动器作为伺服电机驱动器。本程序采用 FX$_{2N}$ 绝对位置控制指令来定位，因此需要知道各工位的绝对位置脉冲数，同时对伺服电机参数作相应设置。

2.伺服电机驱动物料输送 I/O 分配

本任务所需的 I/O 点输入信号包括初始接近开关、各种按钮等；输出信号包括输送单元伺服电机驱动器的脉冲信号和驱动方向信号、指示灯等；由于需要输出驱动伺服电机的高速脉冲，PLC 应采用晶体管输出型。

基于上述考虑，可选用三菱 FX$_{2N}$-48MT PLC，共 24 输入，24 点晶体管输出。表 14-1 给出了 PLC 的 I/O 信号表。

表 14-1 I/O 输入输出

开关量输入信号				开关量输出信号			
序号	地址	代号	作用	序号	地址	代号	作用
1	X000		原点传感器检测	1	Y0	PUL	脉冲
2	X001		右限位保护	2	Y1	PUL	脉冲
3	X002		左限位保护	3	Y2	DIR	方向
4	X003		启动按钮	4	Y3	DIR	方向
5	X004		复位按钮	5	Y4	YV	
6	X005		左移按钮				
7	X006		右移按钮				

3.伺服电机驱动器参数设置与调整

松下的伺服驱动器有七种控制运行方式,即位置控制、速度控制、转矩控制、位置/速度控制、位置/转矩、速度/转矩、全闭环控制。位置控制方式就是输入脉冲串来使电机定位运行,电机转速与脉冲串频率相关,电机转动的角度与脉冲个数相关;速度控制方式有两种,一是通过输入直流－10～＋10V 指令电压调速,二是选用驱动器内设置的内部速度来调速;转矩控制方式是通过输入直流－10～＋10V 指令电压调节电机的输出转矩,在这种方式下运行必须要进行速度限制,有如下两种方法:

(1)设置驱动器内的参数来限制;

(2)输入模拟量电压限速。

MADDT1207003 伺服驱动器的参数共有 128 个,即 Pr00～Pr7F,可以通过与 PC 连接后在专门的调试软件上进行设置,也可以在驱动器上的面板上进行设置。

在 PC 上安装,通过与伺服驱动器建立起通信,就可将伺服驱动器的参数状态读出或写入,非常方便,见图 14-2。当现场条件不允许,或修改少量参数时,也可通过驱动器上操作面板来完成。操作面板如图 14-3 所示。各个按钮的说明如表 14-2 所示。

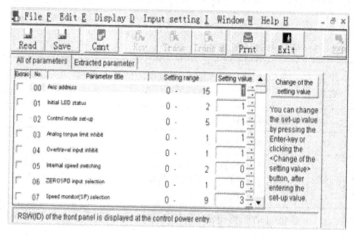

图 14-2 驱动器参数设置软件 Panaterm

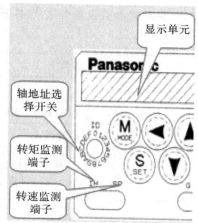

图 14-3 驱动器参数设置面板

表 14-2　伺服驱动器面板按钮的说明

按键说明	激活条件	功能
MODE	在模式显示时有效	在以下 5 种模式之间切换： 1）监视器模式； 2）参数设置模式； 3）EEPROM 写入模式； 4）自动调整模式； 5）辅助功能模式。
SET	一直有效	用来在模式显示和执行显示之间切换
▲　▼	仅对小数点闪烁的那一位数据位有效	改变各模式里的显示内容、更改参数、选择参数或执行选中的操作
◀		把移动的小数点移动到更高位数

面板操作说明：

1）参数设置，先按"Set"键，再按"Mode"键选择到"Pr00"后，按向上、下或向左的方向键选择通用参数的项目，按"Set"键进入。然后按向上、下或向左的方向键调整参数，调整完后，按"S"键返回。选择其他项再调整。

2）参数保存，按"M"键选择到"EE-SET"后按"Set"键确认，出现"EEP-"，然后按向上键3 秒钟，出现"FINISH"或"reset"，然后重新上电即保存。

3）手动 JOG 运行，按"Mode"键选择到"AF-ACL"，然后按向上、下键选择到"AF-JOG"按"Set"键一次，显示"JOG-"，然后按向上键 3 秒显示"ready"，再按向左键 3 秒出现"sur-on"锁紧轴，按向上、下键，点击正反转。注意先将 S-ON 断开。

4）部分参数说明

伺服驱动装置工作于位置控制模式，三菱 PLC-FX2N-24MT 的 Y000 输出脉冲作为伺服驱动器的位置指令，脉冲的数量决定伺服电机的旋转位移，即机械手的直线位移，脉冲的频率决定了伺服电机的旋转速度，即机械手的运动速度，输出点 Y002 作为伺服驱动器的方向指令。对于较为简单的控制要求，伺服驱动器可采用自动增益调整模式。根据上述要求，伺服驱动器参数设置如表 14-3 所示。

表 14-3　伺服参数设置表格

序号	参数		设置数值	功能和含义
	参数编号	参数名称		
1	Pr01	LED 初始状态	1	显示电机转速。
2	Pr02	控制模式	0	位置控制（相关代码 P）。
3	Pr04	行程限位禁止输入无效设置	2	当左或右限位动作，则会发生 Err38 行程限位禁止输入信号出错报警。设置此参数值必须在控制电源断电重启之后才能修改、写入成功。
4	Pr20	惯量比	1678	该值自动调整得到，具体请参见 AC 伺服电机驱动器说明书 82 页。

序号	参数		设置数值	功能和含义
	参数编号	参数名称		
5	Pr21	实时自动增益设置	1	实时自动调整为常规模式,运行时负载惯量的变化情况很小。
6	Pr22	实时自动增益的机械刚性选择	1	此参数值设得很大,响应越快。
7	Pr41	指令脉冲旋转方向设置	1	指令脉冲＋指令方向。设置此参数值必须在控制电源断电重启之后才能修改、写入成功。
8	Pr42	指令脉冲输入方式	3	指令脉冲＋指令方向　PULS　SIGN　L低电平　H高电平
9	Pr48	指令脉冲分倍频第1分子	10000	每转所需脉冲编码器脉冲数为 编码器分辨率$\times \dfrac{\text{Pr 4B}}{\text{Pr }48 \times 2^{\text{Pr 4A}}}$
10	Pr49	指令脉冲分倍频第2分子	0	
11	Pr4A	指令脉冲分倍频分子倍率	0	
12	Pr4B	指令脉冲分倍频分母	6000	

注:其他参数的说明及设置请参看松下 Ninas A4 系列伺服电机、驱动器使用说明书。

例　现有编码器分辨率为 10000(2500p/r×4),参数设置如表 14-3,输送单元原点与加工单元相距 1000mm,求伺服电机驱动器位移脉冲数量。

每转所需指令脉冲数为

$$n = 10000 \times \frac{\text{Pr 4B}}{\text{Pr }48 \times 2^{\text{Pr 4A}}} = 10000 \times \frac{6000}{10000 \times 2^{0}} = 6000$$

伺服电机由伺服电机放大器驱动,通过同步轮和同步带带动滑动溜板沿直线导轨作往复直线运动。同步轮齿距为 5mm,共 12 个齿即旋转一周搬运机械手位移 60mm。

则每个脉冲对应的位移为 60/6000＝0.01(mm)

输送单元原点与加工单元相距 1000mm,需要设定的位移脉冲数量为:1000/0.01＝100000(个)

4.伺服电机驱动器接线

图 14-4 所示为松下 MINAS A4 系列伺服电机驱动器的外观和面板。

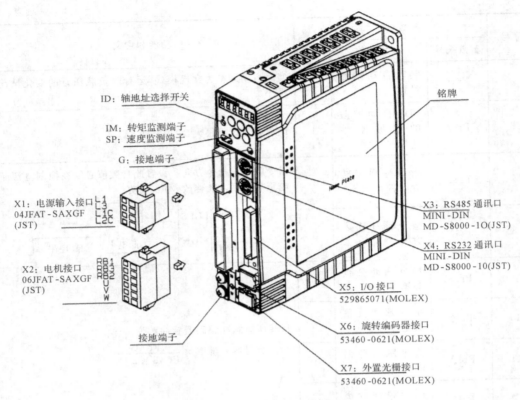

图 14-4　伺服驱动器的面板图

MADDT1207003 伺服驱动器面板上有多个接线端口,其中

X1:电源输入接口,AC220V 电源连接到 L1、L3 主电源端子,同时连接到控制电源端子 L1C、L2C 上。

X2:电机接口和外置再生放电电阻器接口。U、V、W 端子用于连接电机。必须注意,电源电压务必按照驱动器铭牌上的指示,电机接线端子(U、V、W)不可以接地或短路,交流伺服电机的旋转方向不像感应电动机可以那样通过交换三相相序来改变,必须保证驱动器上的 U、V、W、E 接线端子与电机主回路接线端子按规定的次序一一对应,否则可能造成驱动器的损坏。电机的接线端子和驱动器的接地端子以及滤波器的接地端子必须保证可靠地连接到同一个接地点上,机身也必须接地。RB1、RB2、RB3 端子是外接放电电阻,MAD-DT1207003 的规格为 $100\Omega/10W$,YL-335B 没有使用外接放电电阻。

X6:连接到电机编码器信号接口,连接电缆应选用带有屏蔽层的双绞电缆,屏蔽层应接到电机侧的接地端子上,并且应确保将编码器电缆屏蔽层连接到插头的外壳(FG)上。

X5:I/O 控制信号端口,其部分引脚信号定义与选择的控制模式有关,不同模式下的接线请参考《松下 A 系列伺服电机手册》。在输送工序中,伺服电机用于定位控制,选用位置控制模式。所采用的是简化接线方式,如图 14-5 所示。

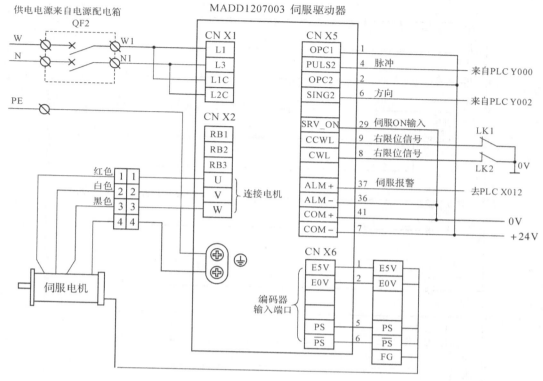

图 14-5　伺服驱动器电气接线图

5.程序设计

(1)各单元脉冲量确定

从工作任务可以看到,本训练是一个步进顺序控制过程,主要是是伺服电机驱动输送单元的定位控制。本程序采用 FX 2N 绝对位置控制指令来定位。因此需要知道各工位的绝对位置脉冲数。根据以上分析,这些数据如表 14-4 所示。

表 14-4　伺服电机运行的运动位置与脉冲量关系

序号	站点	距离	脉冲量	移动方向
1	供料站→加工站	1000mm	100000	DIR
2	加工站→卸料站	1040mm	104000	DIR
3	卸料站→供料站	2040mm	204000	DIL

(2)回原点归零程序设计

系统上电后,首先检查各设备元件是否正常,输送单元是否在原点位置,如果是否,则进行相应的复位操作,直至准备就绪。输送单元返回原点的操作,在整个工作过程中,都会频繁地进行。回原点归零程序设计最大的优点可以保证每次启动后,伺服电机驱动器脉冲从 0 开始计算,减少误差。图 14-6 所示为归零程序梯形图。

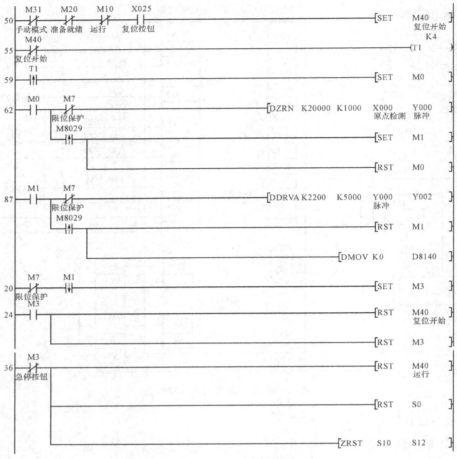

图 14-6　归零程序梯形图

(3)手动程序设计

在非正常情况下或者调试状态下可以调到手动状态,手动对输送单元进行左右移动控制,完毕转换到自动状态。图 14-7 所示为手动控制程序。

图 14-7　手动控制程序

（4）自动程序设计

　　自动状态下，输送单元位于初始原点处，按启动按钮 SB1，输送单元以 400mm/s 的速度从供料单元右移至加工单元，延时 10s，等待物料加工完毕后以 400mm/s 的速度移至卸料单元，延时 8s，等待物料卸料完毕后以 500mm/s 的速度左移至供料单元初始原点 SQ1 处，等待装料，10s 后输送单元自动以 400mm/s 的速度从供料单元右移至加工单元，开始下一轮工作顺序，如此循环。按停止按钮，输送单元无论在何工作状态下，立即停止运动（见图 14-8）。

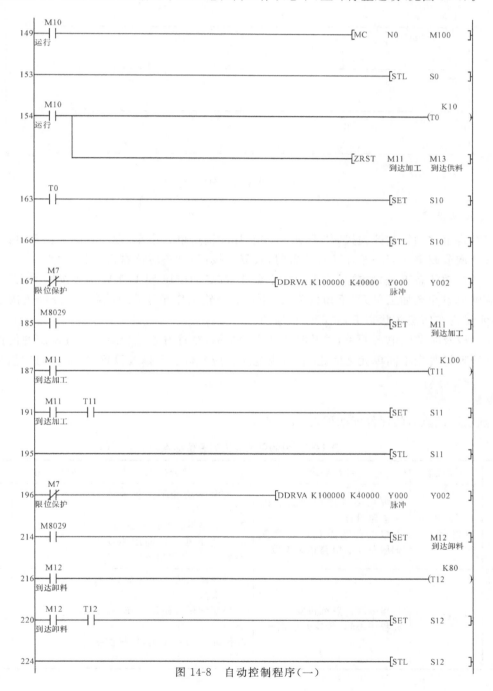

图 14-8　自动控制程序（一）

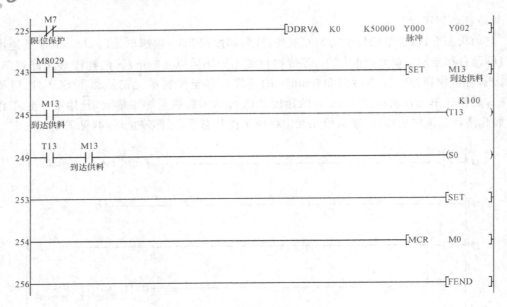

图 14-8　自动控制程序(二)

4. 模拟调试

(1)将手自动控制开关拨到"手动"。左右移动输送单元小车,看左右能否正常运行。

(2)调节归零。当小车在任意位置时,按复位按钮,小车应该右行,回到原点。

(3)自动状态下,输送单元位于初始原点处,按启动按钮 SB1,观察小车按照预定工序完成:从供料单元至加工单元、至卸料单元、开始下一轮工作顺序,如此循环。按停止按钮,输送单元无论在何工作状态下,立即停止运动。

(4)应及时关闭电源开关,并及时清理实验板面,整理好连接导线并放置规定的位置。

(5)现场改变不同单元之间距离,要求能对相应参数进行修改设置,适应新的工艺要求。

任务评价

现场调试能力的评价标准见表 14-5 所示。

表 14-5　现场调试能力的评价标准表

序号	主要内容	考核要求	评分标准	配分	扣分	得分
1	伺服电机电路设计	1. 根据要求进行伺服电机主电路设计 2. 根据课题需要正确设置伺服驱动器电路相关参数	1. 主电路功能不完整或不规范扣 5~10 分 2. 主电路不会设计扣 20 分 3. 不能正确设置伺服驱动器参数,每个参数扣 3 分	20		
2	程序输入	1. 指令输入熟练正确 2. 程序编辑、传输方法正确	1. 指令输入方法不正确,每提醒一次扣 5 分 2. 程序编辑方法不正确,每提醒一次扣 5 分 3. 传输方法不正确,每提醒一次扣 5 分	15		

续表

序号	主要内容	考核要求	评分标准	配分	扣分	得分
3	系统模拟调试	1.伺服驱动 PLC 外部模拟接线符合功能要求 2.调试方法合理正确 3.正确处理调试过程中出现故障	1.错、漏接线,每处扣5分 2.调试不熟练,扣5~10分 3.调试过程原理不清楚,扣5~10分 4.带电插拔导线,扣5~10分 5.不能根据故障现象正确采取相应处理方法扣5~20分	25		
4	通电试车	系统成功调试	1.一次试车不成功扣20分 2.二次试车不成功扣30分 3.三次试车不成功扣40分	40		
5	安全生产	1.正确遵守安全用电规则,不得损坏电器设备或元件 2.调试完毕后整理好工位	1.违反安全文明生产规程、损坏电器元件扣5~40分 2.操作完成后工位乱或不整理扣10分	倒扣		
备注	各项内容最高分不得超过额定配分		合计	100		

额定时间 180分钟	开始时间		结束时间		考评员签字		年　　月　　日

知识链接

一、伺服系统概述

1.伺服系统结构组成

　　伺服控制系统是一种能够跟踪输入的指令信号进行动作,从而获得精确的位置、速度及动力输出的自动控制系统。如防空雷达控制就是一个典型的伺服控制过程,它是以空中的目标为输入指令要求,雷达天线要一直跟踪目标,为地面炮台提供目标方位;加工中心的机械制造过程也是伺服控制过程,位移传感器不断地将刀具进给的位移传送给计算机,通过与加工位置目标比较,计算机输出继续加工或停止加工的控制信号。绝大部分机电一体化系统都具有伺服功能,机电一体化系统中的伺服控制是为执行机构按设计要求实现运动而提供控制和动力的重要环节。

伺服系统

　　机电一体化的伺服控制系统的结构、类型繁多,但从自动控制理论的角度来分析,伺服控制系统一般包括控制器、被控对象、执行环节、检测环节、比较环节等五部分。图14-9给出了系统组成原理框图。

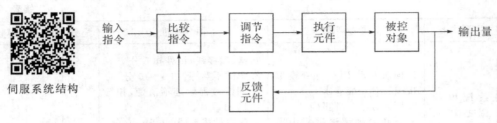

伺服系统结构

图 14-9　伺服系统组成原理框图

（1）比较环节

比较环节是将输入的指令信号与系统的反馈信号进行比较，以获得输出与输入间的偏差信号的环节，通常由专门的电路或计算机来实现。

（2）控制器

控制器通常是计算机或 PID 控制电路，主要任务是对比较元件输出的偏差信号进行变换处理，以控制执行元件按要求动作。

（3）执行元件

执行元件的作用是按控制信号的要求，将输入的各种形式的能量转化成机械能，驱动被控对象工作。机电一体化系统中的执行元件一般指各种电机或液压、气动伺服机构等。

（4）被控对象

被控对象是指被控制的机构或装置，是直接完成系统目的的主体。被控对象一般包括传动系统、执行装置和负载。

（5）检测环节

检测环节是指能够对输出进行测量，并转换成比较环节所需要的量纲的装置。控制环节一般包括传感器和转换电路。

在实际的伺服控制系统中，上述的每个环节在硬件特征上并不独立，可能几个环节在一个硬件中，如测速直流电机既是执行元件又是检测元件。

2. 伺服系统的分类

伺服系统的分类方法很多，常见的分类方法有：

（1）按被控量参数特性分类

按被控量不同，机电一体化系统可分为位移、速度、力矩等各种伺服系统。其他系统还有温度、湿度、磁场、光等各种参数的伺服系统。

（2）按驱动元件的类型分类

按驱动元件的不同可分为电气伺服系统、液压伺服系统、气动伺服系统。电气伺服系统根据电机类型的不同又可分为直流伺服系统、交流伺服系统和步进电机控制伺服系统。

（3）按控制原理分类

伺服系统按自动控制原理，伺服系统又可分为开环控制伺服系统、闭环控制伺服系统和半闭环控制伺服系统。

开环控制伺服系统结构简单，成本低廉，易于维护，但由于没有检测环节，系统精度低、抗干扰能力差。闭环控制伺服系统能及时对输出进行检测，并根据输出与输入的偏差，实时调整执行过程，因此系统精度高，但成本也大幅提高。半闭环控制伺服系统的检测反馈环节位于执行机构的中间输出上,因此一定程度上提高了系统的性能。如在位移控制伺服系统中,为了提高系统的动态性能,增设的电机速度检测和控制就属于半闭环控制环节。

3.伺服系统的技术要求

机电一体化伺服系统要求具有精度高、响应速度快、稳定性好、负载能力强和工作频率范围大等基本要求,同时还要求体积小、重量轻、可靠性高和成本低等。

(1)系统精度

伺服系统精度指的是输出量复现输入信号要求的精确程度,以误差的形式表现,即动态误差、稳态误差和静态误差。稳定的伺服系统对输入变化以一种振荡衰减的形式反映出来。振荡的幅度和过程产生了系统的动态误差;当系统振荡衰减到一定程度以后,我们称其为稳态,此时的系统误差就是稳态误差;由设备自身零件精度和装配精度所决定的误差通常指静态误差。

影响伺服精度的主要因素是检测环节,常用的检测传感器有旋转变压器、感应同步器、码盘、光电脉冲编码器、光栅尺、磁尺及测速发电机等。如当被测量为直线位移时,应选尺状的直线位移传感器,如光栅尺、磁尺、直线感应同步器等。如当被测量为角位移时,则应选圆形的角位移传感器,如光电脉冲编码器、圆感应同步器、旋转变压器、码盘等。一般来讲,半闭环控制的伺服系统主要采用角位移传感器,闭环控制的伺服系统主要采用直线位移传感器。在位置伺服系统中,为了获得良好的性能,往往还要对执行元件的速度进行反馈控制,因而还要选用速度传感器。速度控制也常采用光电脉冲编码器,既测量电动机的角位移,又通过计时而获得速度。

(2)稳定性

伺服系统的稳定性是指当作用在系统上的干扰消失以后,系统能够恢复到原来稳定状态的能力;或者当给系统一个新的输入指令后,系统达到新的稳定运行状态的能力。如果系统能够进入稳定状态,且过程时间短,则系统稳定性好;否则,若系统振荡越来越强烈,或系统进入等幅振荡状态,则属于不稳定系统。机电一体化伺服系统通常要求较高的稳定性。

(3)响应特性

响应特性指的是输出量跟随输入指令变化的反应速度,决定了系统的工作效率。响应速度与许多因素有关,如计算机的运行速度、运动系统的阻尼、质量等。

(4)工作频率

工作频率通常是指系统允许输入信号的频率范围。当工作频率信号输入时,系统能够按技术要求正常工作;而其他频率信号输入时,系统不能正常工作。在机电一体化系统中,工作频率一般指的是执行机构的运行速度。

上述的四项特性是相互关联的,是系统动态特性的表现特征。利用自动控制理论来研究、分析所设计系统的频率特性,就可以确定系统的各项动态指标。系统设计时,在满足系统工作要求(包括工作频率)的前提下,首先要保证系统的稳定性和精度,并尽量提高系统的响应速度。

二、直流伺服电机

直流伺服电机具有良好的调速特性,较大的启动转矩和相对功率,易于控制及响应快等优点。尽管其结构复杂,成本较高,在机电一体化控制系统中还是具有较广泛的应用。

数字式伺服系统

1. 直流伺服电动机的分类

直流伺服电动机按励磁方式可分为电磁式和永磁式两种。电磁式的磁场由励磁绕组产生；永磁式的磁场由永磁体产生。电磁式直流伺服电动机是一种普遍使用的伺服电动机，特别是大功率电机（100W以上）。永磁式伺服电动机具有体积小、转矩大、力矩和电流成正比、伺服性能好、响应快、功率体积比大、功率重量比大、稳定性好等优点。由于功率的限制，目前主要应用在办公自动化、家用电气、仪器仪表等领域。

直流伺服电动机按电枢的结构与形状又可分为平滑电枢型、空心电枢型和有槽电枢型等。平滑电枢型的电枢无槽，其绕组用环氧树脂粘固在电枢铁心上，因而转子形状细长，转动惯量小。空心电枢型的电枢无铁心，且常做成杯形，其转子转动惯量最小。有槽电枢型的电枢与普通直流电动机的电枢相同，因而转子转动惯量较大。

直流伺服电动机还可按转子转动惯量的大小而分成大惯量、中惯量和小惯量直流伺服电动机。大惯量直流伺服电动机（又称直流力矩伺服电动机）负载能力强，易于与机械系统匹配，而小惯量直流伺服电动机的加减速能力强、响应速度快、动态特性好。

2. 直流伺服电动机工作原理

直流伺服电动机主要由磁极、电枢、电刷及换向片结构组成。其中磁极在工作中固定不动，故又称定子。定子磁极用于产生磁场。在永磁式直流伺服电动机中，磁极采用永磁材料制成，充磁后即可产生恒定磁场。在他励式直流伺服电动机中，磁极由冲压硅钢片叠成，外绕线圈，靠外加励磁电流才能产生磁场。电枢是直流伺服电动机中的转动部分，故又称转子，它由硅钢片叠成，表面嵌有线圈，通过电刷和换向片与外加电枢电源相连。

直流伺服电动机是在定子磁场的作用下，使通有直流电的电枢（转子）受到电磁转矩的驱使，带动负载旋转。通过控制电枢绕组中电流的方向和大小，就可以控制直流伺服电动机的旋转方向和速度。当电枢绕组中电流为零时，伺服电动机则静止不动。

直流伺服电动机的控制方式主要有两种：一种是电枢电压控制，即在定子磁场不变的情况下，通过控制施加在电枢绕组两端的电压信号来控制电动机的转速和输出转矩；另一种是励磁磁场控制，即通过改变励磁电流的大小来改变定子磁场强度，从而控制电动机的转速和输出转矩。采用电枢电压控制方式时，由于定子磁场保持不变，其电枢电流可以达到额定值，相应的输出转矩也可以达到额定值，因而这种方式又被称为恒转矩调速方式。而采用励磁磁场控制方式时，由于电动机在额定运行条件下磁场已接近饱和，因而只能通过减弱磁场的方法来改变电动机的转速。由于电枢电流不允许超过额定值，因而随着磁场的减弱，电动机转速增加，但输出转矩下降，输出功率保持不变，所以这种方式又被称为恒功率调速方式。

三、交流伺服电机

20世纪后期，随着电力电子技术的发展，交流电动机应用于伺服控制越来越普遍。与直流伺服电动机比较，交流伺服电动机不需要电刷和换向器，因而维护方便和对环境无要求。此外，交流电动机还具有转动惯量、体积和重量较小、结构简单、价格便宜等优点，尤其是交流电动机调速技术的快速发展，使它得到了更广泛的应用。交流电动机的缺点是转矩特性和调节特性的线性度不及直流伺服电动机好，其效率也比直流伺服电动机低。因此，在伺服系统设计时,除某些操作特别频繁或交流伺服电动机在发热和起、制动特性不能满足要求时,选择直流伺服电动机外,一般尽量考虑选择交流伺服电动机。

用于伺服控制的交流电动机主要有同步型交流电动机和异步型交流电动机。采用同步型交流电动机的伺服系统多用于机床进给传动控制、工业机带入关节传动和其他需要运动和位置控制的场合。异步型交流电动机的伺服系统,多用于机床主轴转速和其他调速系统。

　　1.交流伺服电机的工作原理

　　伺服电机内部的转子是永磁铁,驱动器控制的 U/V/W 三相电形成电磁场,转子在此磁场的作用下转动,同时电机自带的编码器反馈信号给驱动器,驱动器根据反馈值与目标值进行比较,调整转子转动的角度。伺服电机的精度决定于编码器的精度(线数)。交流伺服电机外观如图 14-10 所示。

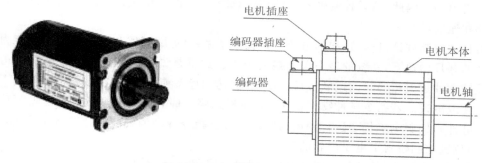

图 14-10　交流伺服电机外观图

　　交流永磁同步伺服驱动器主要由伺服控制单元、功率驱动单元、通讯接口单元、伺服电动机及相应的反馈检测器件组成,其中伺服控制单元包括位置控制器、速度控制器、转矩和电流控制器等,其结构组成如图 14-11 所示。

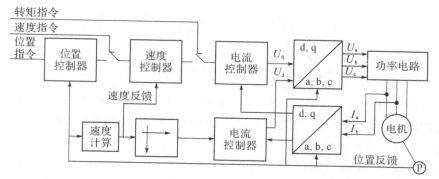

图 14-11　系统控制结构

　　伺服驱动器均采用数字信号处理器(DSP)作为控制核心,其优点是可以实现比较复杂的控制算法,实现数字化、网络化和智能化。功率器件普遍采用以智能功率模块(IPM)为核心设计的驱动电路,IPM 内部集成了驱动电路,同时具有过电压、过电流、过热、欠压等故障检测保护电路,在主回路中还加入软启动电路,以减小启动过程对驱动器的冲击。

　　功率驱动单元首先通过整流电路对输入的三相电或者市电进行整流,得到相应的直流电,再通过三相正弦 PWM 电压型逆变器变频来驱动三相永磁式同步交流伺服电机。

逆变部分(DC-AC)采用功率器件集成驱动电路,保护电路和功率开关于一体的智能功率模块(IPM),主要拓扑结构是采用了三相桥式电路。利用了脉宽调制技术即 PWM,(Pulse Width Modulation)通过改变功率晶体管交替导通的时间来改变逆变器输出波形的频率,改变每半周期内晶体管的通断时间比,也就是说通过改变脉冲宽度来改变逆变器输出电压副值的大小以达到调节功率的目的。

2. 交流伺服系统的位置控制模式

(1)伺服驱动器输出到伺服电机的三相电压波形基本是正弦波(高次谐波被绕组电感滤除),而不是像步进电机那样是三相脉冲序列,即使从位置控制器输入的是脉冲信号。

(2)伺服系统用作定位控制时,位置指令输入到位置控制器,速度控制器输入端前面的电子开关切换到位置控制器输出端。同样,电流控制器输入端前面的电子开关切换到速度控制器输出端。因此,位置控制模式下的伺服系统是一个三闭环控制系统,两个内环分别是电流环和速度环。

由自动控制理论可知,这样的系统结构提高了系统的快速性、稳定性和抗干扰能力。在足够高的开环增益下,系统的稳态误差接近为零。这就是说,在稳态时,伺服电机以指令脉冲和反馈脉冲近似相等时的速度运行。反之,在达到稳态前,系统将在偏差信号作用下驱动电机加速或减速。若指令脉冲突然消失(例如紧急停车时,PLC 立即停止向伺服驱动器发出驱动脉冲),伺服电机仍会运行到反馈脉冲数等于指令脉冲消失前的脉冲数才停止。

(3)位置控制模式下电子齿轮的概念

位置控制模式下,等效的单闭环系统方框图如图 14-12 所示。

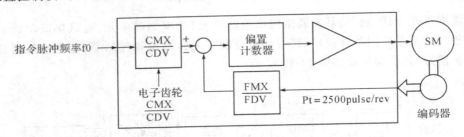

图 14-12　等效的单闭环位置控制系统方框图

图 14-12 中,指令脉冲信号和电机编码器反馈脉冲信号进入驱动器后,均通过电子齿轮变换才进行偏差计算。电子齿轮实际上是一个分—倍频器,合理搭配它们的分—倍频值,可以灵活地设置指令脉冲的行程。

本任务所使用的松下 MINAS A4 系列 AC 伺服电机·驱动器,电机编码器反馈脉冲为 2500 pulse/rev。缺省情况下,驱动器反馈脉冲电子齿轮分—倍频值为 4 倍频。如果希望指令脉冲为 6000 pulse/rev,那么就应把指令脉冲电子齿轮的分—倍频值设置为 10000/6000。从而实现 PL 每输出 6000 个脉冲,伺服电机旋转一周,驱动机械手恰好移动 60mm 的整数倍关系。

3. FX1N 的脉冲输出功能

晶体管输出的 FX1N 系列 PLC CPU 单元支持高速脉冲输出功能,但仅限于 Y000 和 Y001 点。输出脉冲的频率最高可达 100kHz。

对输送单元伺服电机的控制主要是定位控制。可以使用 FX1N 的简易定位控制指令实现。简易定位控制指令包括原点回归 FNC156(ZRN)、相对位置控制 FNC158(DRVI)、绝对位置控制 FNC158(D)RVA 和可变速脉冲输出指令 FNC157(PLSV)。

（1）原点回归指令 FNC156(ZRN)

当可编程控制器断电时会消失，因此上电时和初始运行时，必须执行原点回归。

将机械动作的原点位置的数据事先写入。原点回归指令格式如图 14-13 所示。

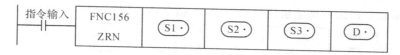

图 14-13　ZRN 的指令格式

1）原点回归指令格式说明

(S1·) 指定原点回归开始的速度。对于 16 位指令，这一源操作数的范围为 10～32767(Hz)，对于 32 位指令，范围为 10～100(kHz)。

(S2·) 爬行速度

指定近点信号(D)OG 变为 ON 后的低速部分的速度。

(S3·) 指定近点信号输入

当指令输入继电器(X)以外的元件时，由于会受到可编程控制器运算周期的影响，会引起原点位置的偏移增大。

(D·) 指定有脉冲输出的 Y 编号(仅限于 Y000 或 Y001)。

2）原点回归动作顺序

原点回归动作顺序可参考图 14-14。

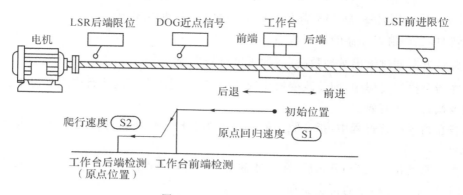

图 14-14　原点归零示意图

说明如下：

①驱动指令后，以原点回归速度 (S1·) 开始移动。

当在原点回归过程中，指令驱动接点变 OFF 状态时，将不减速而停止。

指令驱动接点变为 OFF 后，在脉冲输出中监控(Y000：M8147, Y001：M8148)处于 ON 时，将不接受指令的再次驱动。

②当近点信号(D)OG 由 OFF 变为 ON 时,减速至爬运速度(S2·)。

③当近点信号(D)OG 由 ON 变为 OFF 时,在停止脉冲输出的同时,向当前值寄存器(Y000:[D8141,D8140],Y001:[D8143,D8142])中写入 0。另外,M8140(清零信号输出功能)ON 时,同时输出清零信号。随后,当执行完成标志(M8029)动作的同时,脉冲输出中监控变为 OFF。

(2)绝对位置控制指令 FNC158(DRVA)

以绝对驱动方式执行单速位置控制的指令,指令格式如图 14-15 所示。

图 14-15 绝对位置控制指令

指令格式说明:

(S1·):输出脉冲数(绝对指定)对于 16 位指令,操作数的范围为 -32768~+32767,对于 32 位指令,范围为 -999999~+999999。

(S2·):输出脉冲频率,对于 16 位指令,操作数的范围为 10~32767(Hz),对于 32 位指令,范围为 10~100(kHz)。

(D1·):脉冲输出地址,指令仅能用于 Y000、Y001。

(D2·):旋转方向信号输出地址,根据(S1·)和当前位置的差值,按以下方式动作:

[差值为正]→ ON; [差值为负]→ OFF

1)目标位置(S1·),以对应下面的当前值寄存器作为绝对位置。

向[Y000]输出时→[D8141(高位),D8140(低位)](使用 32 位)

向[Y001]输出时→[D8143(高位),D8142(低位)](使用 32 位)

反转时,当前值寄存器的数值减小。

2)旋转方向通过输出脉冲数(S1·)的正负符号指令。

3)在指令执行过程中,即使改变操作数的内容,也无法在当前运行中表现出来。只在下一次指令执行时才有效。

4)若在指令执行过程中,指令驱动的接点变为 OFF 时,将减速停止。此时执行完成标志 M8029 不动作。

5)指令驱动接点变为 OFF 后,在脉冲输出中标志(Y000:[M8147],Y001:[M8148])处于 ON 时,将不接受指令的再次驱动。

(3)可变速脉冲输出指令 FNC57(PLSV)

可变速脉冲输出指令 FNC57 是一个附带旋转方向的可变速脉冲输出指令。执行这一指令,即使在脉冲输出状态中,仍然能够自由改变输出脉冲频率。指令格式示例如图 14-16 所示。

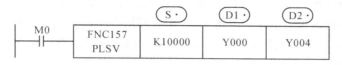

图 14-16　可变速脉冲输出指令

图 14-16 中,源操作数 $\boxed{S\cdot}$ 指定输出脉冲频率,对于 16 位指令,操作数的范围为 1～32767(Hz),－1～－32767(Hz);对于 32 位指令,范围为 1～100(kHz),－1～－100(kHz)。

目标操作数 $\boxed{D1\cdot}$ 指定脉冲输出地址,仅能用于 Y000、Y001。

目标操作数 $\boxed{D2\cdot}$ 指定旋转方向信号输出地址,当 $\boxed{S\cdot}$ 为正值时输出为 ON。

使用 PLSV 指令须注意:

1)在起动/停止时不执行加减速,若有必要进行缓冲开始/停止时,可利用 FNC67(RAMP)等指令改变输出脉冲频率 $\boxed{S\cdot}$ 的数值。

2)指令驱动接点变为 OFF 后,在脉冲输出中标志(Y000:[M8147],Y001:[M8148]处于 ON 时,将不接受指令的再次驱动。

4. 与脉冲输出功能有关的主要特殊内部存储器

[D8141,D8140] 输出至 Y000 的脉冲总数

[D8143,D8142] 输出至 Y001 的脉冲总数

[D8136,D8137] 输出至 Y000 和 Y001 的脉冲总数

[M8145] Y000 脉冲输出停止指令(立即停止)

[M8146] Y001 脉冲输出停止指令(立即停止)

[M8147] Y000 脉冲输出中监控

[M8148] Y001 脉冲输出中监控

各个数据寄存器内容可以利用"(D)MOV K0 D81＊＊"执行清除。

四、与步进电机性能比较

步进电机作为一种开环控制的系统,和现代数字控制技术有着本质的联系。在目前国内的数字控制系统中,步进电机的应用十分广泛。随着全数字式交流伺服系统的出现,交流伺服电机也越来越多地应用于数字控制系统中。为了适应数字控制的发展趋势,运动控制系统中大多采用步进电机或全数字式交流伺服电机作为执行电动机。虽然两者在控制方式上相似(脉冲串和方向信号),但在使用性能和应用场合上存在着较大的差异。现就两者的使用性能作一比较。

1. 控制精度不同

两相混合式步进电机步距角一般为 1.8°、0.9°,五相混合式步进电机步距角一般为0.72°、0.36°。也有一些高性能的步进电机通过细分后步距角更小。如三洋公司(SANYO DENKI)生产的两相混合式步进电机的步距角可通过拨码开关设置为 1.8°、0.9°、0.72°、0.36°、0.18°、0.09°、0.072°、0.036°,兼容了两相和五相混合式步进电机的步距角。

交流伺服电机的控制精度由电机轴后端的旋转编码器保证。以三洋全数字式交流伺服

电机为例,对于带标准 2000 线编码器的电机而言,由于驱动器内部采用了四倍频技术,其脉冲当量为 $360°/8000=0.045°$。对于带 17 位编码器的电机而言,驱动器每接收 131072 个脉冲电机转一圈,即其脉冲当量为 $360°/131072=0.0027466°$,是步距角为 $1.8°$ 的步进电机的脉冲当量的 $1/655$。

2. 低频特性不同

步进电机在低速时易出现低频振动现象。振动频率与负载情况和驱动器性能有关。一般认为振动频率为电机空载起跳频率的一半。这种由步进电机的工作原理所决定的低频振动现象对于机器的正常运转非常不利。当步进电机工作在低速时,一般应采用阻尼技术来克服低频振动现象,比如在电机上加阻尼器等。

交流伺服电机运转非常平稳,即使在低速时也不会出现振动现象。交流伺服系统具有共振抑制功能,可涵盖机械的刚性不足,并且系统内部具有频率解析机能(FFT),可检测出机械的共振点,便于系统调整。

3. 矩频特性不同

步进电机的输出力矩随转速升高而下降,且在较高转速时会急剧下降,所以其最高工作转速一般在 $300\sim600\text{r/min}$。交流伺服电机为恒力矩输出,即在其额定转速(一般为 2000r/min 或 3000r/min)以内,都能输出额定转矩,在额定转速以上为恒功率输出。

4. 过载能力不同

步进电机一般不具有过载能力。交流伺服电机具有较强的过载能力。以山洋交流伺服系统为例,它具有速度过载和转矩过载能力。其最大转矩为额定转矩的 $2\sim3$ 倍,可用于克服惯性负载在启动瞬间的惯性力矩。步进电机因为没有这种过载能力,在选型时为了克服这种惯性力矩,往往需要选取较大转矩的电机,而机器在正常工作期间又不需要那么大的转矩,便出现了力矩浪费的现象。

5. 运行性能不同

步进电机的控制为开环控制,启动频率过高或负载过大易出现丢步或堵转的现象,停止时转速过高易出现过冲的现象,所以为保证其控制精度,应处理好升、降速问题。交流伺服驱动系统为闭环控制,驱动器可直接对电机编码器反馈信号进行采样,内部构成位置环和速度环,一般不会出现步进电机的丢步或过冲的现象,控制性能更为可靠。

6. 速度响应性能不同

步进电机从静止加速到工作转速(一般为每分钟几百转)需要 $200\sim400\text{ms}$。交流伺服系统的加速性能较好,以山洋 400W 交流伺服电机为例,从静止加速到其额定转速 3000r/min 仅需几毫秒,可用于要求快速启停的控制场合。

综上所述,交流伺服系统在许多性能方面都优于步进电机。但在一些要求不高的场合也经常用步进电机来做执行电动机。所以,在控制系统的设计过程中要综合考虑控制要求、成本等多方面的因素,选用适当的控制电机。

7. 选型计算方法

(1)转速和编码器分辨率的确认。

(2)电机轴上负载力矩的折算和加减速力矩的计算。

（3）计算负载惯量，惯量的匹配，安川伺服电机为例，部分产品惯量匹配可达 50 倍，但实际越小越好，这样对精度和响应速度好。

（4）再生电阻的计算和选择，对于伺服，一般 2kW 以上，要外配置。

（5）电缆选择，编码器电缆双绞屏蔽的，对于安川伺服等日系产品绝对值编码器是 6 芯，增量式是 4 芯。

思考与练习

1. 交流伺服电机相比于步进电机，优点在那里？

2. 伺服电机归零程序编写有何作用？

3. 伺服电机预计行程为 2480mm，以本任务应用伺服电机驱动器为例，试计算脉冲当量数。

参考文献

［1］ 钱平.交直流调速控制系统.北京:高等教育出版社,2008

［2］ 魏连荣.交直流调速控制系统.北京:北京师范大学出版社,2008

［3］ 郭艳平.变频器应用技术.北京:北京师范大学大出版社,2010

［4］ 黄麟.交流调速系统与应用.大连:大连理工大学出版社

［5］ 岳庆来.变频器、可编程序控制器及触摸屏综合应用技术.北京:机械工业出版社,2006

［6］ 冯丽平.交直流调速系统系统综合实训.北京:电子工业出版社

［7］ 姜治臻.PLC项目实训.北京:高等教育出版社,2008

［8］ 侯崇升.现代调速控制系统.北京:机械工业出版社,2006

［9］ 李良仁.变频调速技术与应用.北京:电子工业出版社,2010

［10］ 三菱FR-E700使用手册.三菱电机自动化(中国)有限公司.

［11］ 刘建华.交直流调速应用.北京:上海科学技术出版社,2007

［12］ 陈浩.案例解说PLC、触摸屏及变频器综合应用.北京:中国电力出版社,2007

［13］ 宋书中.交流调速系统.北京:机械工业出版社,1999

［14］ 史乃.电机学.北京:机械工业出版社.2005

［15］ 陈伯时.电力拖动自动控制系统.北京:机械工业出版社,2003

［16］ 周渊深,交直流调速系统与MATATLAB仿真.北京:中国电力出版社,2003

［17］ 韩承江,PLC应用技术.北京:中国铁道出版社,2011

［18］ 刘军,孟祥忠.电力拖动运动控制系统.北京:机械工业出版社,2007

［19］ 张东立,陈丽兰,仲伟峰.直流拖动控制系统.北京:机械工业出版社,1999

［20］ 胡崇岳.现代交流调速技术.北京:机械工业出版社,2004

［21］ 刘竞成.交流调速系统.上海:上海交通大学出版社,1984

［22］ 尔桂花等,运动控制系统.北京:清华大学出版社,2002

［23］ 阮友德.PLC变频器触摸屏综合应用实训.北京:中国电力出版社,2009

［24］ 张伟林.电气控制与PLC综合应用技术.北京:人民邮电出版社,2009